U0271924

编著者简介

陈翠珍 (Chen Cuizhen)

女，1955年生，河北滦南人。

河北科技师范学院教授，学术带头人；河北省预防兽医学重点实验室（依托单位：河北科技师范学院）学术带头人；河北省秦皇岛市优秀教师，河北省秦皇岛市专业技术拔尖人才。

长期以来，从事微生物学和免疫学的教学与科研工作。已多次主持或主研国家自然科学基金、河北省自然科学基金、河北省科技厅及河北省教育厅等科研项目，已取得科研成果20余项，已获省级科技进步奖及科技发明奖10余项；已担任主编或副主编出版《水产养殖动物病原细菌学》《大肠埃希氏菌》《人及动物病原细菌学》《肠杆菌科病原细菌》《人兽共患细菌病》《中国食物中毒细菌》《病原细菌科学的丰碑》等著作10余部；已在《中国人兽共患病学报》《水生生物学报》《High Technology Letters》《Acta Oceanologica Sinica》《海洋与湖沼》等学术期刊发表论文80余篇。

编著者简介

房海 (Fang Hai)

男，1956年生，河北玉田人。

河北科技师范学院教授，学术带头人，副院长；河北省预防兽医学重点实验室（依托单位：河北科技师范学院）主任；河北省优秀教师，河北省中青年骨干教师，河北省"十百千人才工程"百名人才，曾宪梓教育基金会高等师范院校教师奖获得者。

　　长期以来，从事微生物学及免疫学的教学与科研工作，曾获河北省普通高等学校优秀教学成果奖。已多次主持承担国家自然科学基金、河北省自然科学基金、河北省科技厅及河北省教育厅等科研项目，已取得科研成果20余项，已获省级科技进步奖及科技发明奖10余项；已主编出版《大肠埃希氏菌》《人及动物病原细菌学》《水产养殖动物病原细菌学》《肠杆菌科病原细菌》《人兽共患细菌病》《中国食物中毒细菌》《病原细菌科学的丰碑》等著作10余部；已在《中国人兽共患病学报》《High Technology Letters》《Acta Oceanologica Sinica》等学术期刊发表论文100余篇。

宠物

——"感染病"伴侣

陈翠珍 房海 编著

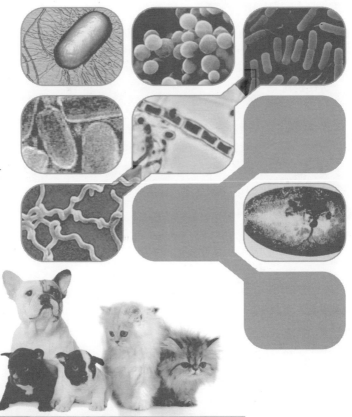

中国农业科学技术出版社

图书在版编目（CIP）数据

宠物："感染病"伴侣／陈翠珍，房海编著．—北京：
中国农业科学技术出版社，2015.5
ISBN 978 – 7 – 5116 – 2044 – 6

Ⅰ.①宠…　Ⅱ.①陈…②房…　Ⅲ.①宠物 – 动物疾病 –
感染 – 防治　Ⅳ.①S858.93

中国版本图书馆 CIP 数据核字（2015）第 065278 号

责任编辑　崔改泵
责任校对　贾海霞

出 版 者　中国农业科学技术出版社
　　　　　北京市中关村南大街 12 号　邮编：100081
电　　话　（010）82109194（编辑室）　（010）82109702（发行部）
　　　　　（010）82109709（读者服务部）
传　　真　（010）82106650
网　　址　http：//www. castp. cn
印 刷 者　北京华正印刷有限公司
开　　本　880 mm ×1 230 mm　1/32
印　　张　7. 75　　彩页　8 面
字　　数　187 千字
版　　次　2015 年 5 月第 1 版　2015 年 5 月第 1 次印刷
定　　价　50. 00 元

内容提要

《宠物——"感染病"伴侣》包括 4 部分内容，共记述了 41 种由病原细菌（bacteria）、病毒（virus）、真菌（fungi）、寄生虫（parasite）等病原体（pathogen）引起的感染病（infectious diseases）。

在第 1 部分"细菌感染病"中，记述了 23 种；第 2 部分"病毒感染病"中，记述了 3 种；第 3 部分"真菌感染病"中，记述了 7 种；第 4 部分"寄生虫感染病"中，记述了 8 种。其中有不少是比较常见的，也有个别是不多见的。分别简要记述了这些感染病的病原特征、感染类型、传播途径、防治原则等 4 个方面的内容。

本书作为科学普及读物，谨为在该方面有兴趣的读者提供了解相应科学知识的方便，也愿能够在保证身体健康与公共卫生安全方面体现出有益的价值。

前　言

　　先说说宠物（pet）的概念。通常是指人们为了精神目的，用于玩赏或作为伴侣（companion），以消除孤寂或出于娱乐目的、并非经济目的所豢养的动物。尽管现今宠物定义也包括观赏植物类，但主要还是宠物犬、宠物猫、观赏鸟类、观赏鱼类等动物类。目前，我国的宠物主要是犬和猫以及某些鸟类。这些动物的大脑比较发达，容易与人交流。

　　再说说人兽共患病（Zoonosis，复数为 Zoonoses）。这个概念首先由德国病理学家、细胞病理学创始人魏尔啸（Rudolph Carl Virchow，1821—1902）提出，最早出现在他于 19 世纪所著的 "*Handbook of Communicable Diseases*" 《传染病手册》中。魏尔啸（图源自 http：//famousscientist.net）在当时定义的人兽共患病，是指"由动物传染给人类的疾病"、即动物源性传染病（communicable diseases）。相继，这一概念又被修正为"由任何家养和野生的脊椎动物传染给人或由人传染给动物的所

魏尔啸

有的人类传染病"。直到 1959 年，世界卫生组织（World Health Organization，WHO）与联合国粮农组织（Food and Agricultural Organization，FAO），联合成立了人兽共患病专家委员会（The Expert Committee on Zoonoses），明确对人兽共患病的定义为："Diseases and infections which are naturally transmitted between vertebrate animal and man"，即在脊椎动物与人类之间自然传播的疾病和感染（infection），也就是指脊椎动物和人类由共同的病原体（pathogen）引起的、在流行病学上存在相互关联的疾病；1981 年 9 月，WHO 所属的人兽共患细菌病和病毒病专家委员会在日内瓦举行会议，对人兽共患病的定义再一次进行了讨论，认为"Zoonosis"这一名词表达明确、含意广泛，并已获得了世界性承认，建议继续沿用。

还要说说感染性疾病（infectious diseases）即感染病。包括所有由各种病原体引起的可传播和非传播性疾病（communicable and noncommunicable diseases），即不仅包括传统意义上的传染病与寄生虫病（parasitosis）、还包括由病原微生物（pathogenic microorganism）及寄生虫（parasite）和某些节肢动物（arthropod）引起的人（或动物）体各组织器官发生感染损伤的非传染性疾病（noncommunicable diseases）。作为病原微生物，包括广义细菌（bacteria）概念中的真细菌（eubacteria）、病毒（virus）和真菌（fungi），真细菌包括了通常所指的"细菌"以及立克次氏体（Rickettsia）、支原体（Mycoplasma）、衣原体（Chlamydia）、螺旋体（Spirochaeta）、放线菌（Actinomycetes）等所有原核微生物（prokaryotic microorganism）。

本书简要记述了与宠物（主要是犬和猫）直接相关的感

染病 41 种（人兽共患病），包括细菌感染病 23 种、病毒感染病 3 种、真菌感染病 7 种、寄生虫感染病 8 种。分别记述了这些感染病的病原特征、感染类型、传播途径、防治原则 4 个方面内容。其中有不少是属于宠物源人兽共患病（pet-derived zoonoses），如由汉氏巴尔通氏体（*Bartonella henselae*）引起的人及某种动物（主要是家猫及猫科动物）的猫抓病（cat scratch diseases，CSD）；猫的汉氏巴尔通氏体感染率很高、并可较长时间带菌，但往往是携带汉氏巴尔通氏体的猫并无症状，人通常是在被携带有汉氏巴尔通氏体的猫抓伤、咬伤或与猫密切接触后被感染（这对幼儿喜欢玩耍宠物猫来讲的威胁更大）。目前我国宠物饲养量与种类在不断增加，并已有形成宠物产业的趋势，伴随出现的就是对宠物源人兽共患病的有效预防与控制问题，因其直接关联到的是对人类自身安全与公共卫生安全所构成的威胁，定当引起社会的广泛关注。如在城市中的人兽共患病，就有不少是来源于宠物。

作者视《宠物——"感染病"伴侣》为"案头书"、或"休闲书"、或"茶几书"、或"枕边书"，献给在该方面有兴趣的读者，特别是宠物饲养者和爱好者。可以随手拿起翻翻、看看，以便了解相应的基本知识、并对宠物源人兽共患病引起重视，尽最大可能地做好自身防护和不断强化公共卫生安全意识。此书的出版若能发挥相应的作用或有所益处，作者则将会深感欣慰。

编著者

2015 年 1 月 27 日

目　录

第一部分　细菌感染病

1　大肠杆菌病 ……………………………………………（3）

2　沙门氏菌病 ……………………………………………（8）

3　鼠疫 ……………………………………………………（13）

4　耶尔森氏菌病 …………………………………………（19）

5　假结核 …………………………………………………（24）

6　志贺氏菌病 ……………………………………………（28）

7　变形菌感染病 …………………………………………（33）

8　绿脓杆菌病 ……………………………………………（37）

9　嗜水气单胞菌感染病 …………………………………（41）

10　布鲁氏菌病 ……………………………………………（46）

11　巴氏杆菌病 ……………………………………………（51）

12　弯曲菌病 ………………………………………………（55）

13　类鼻疽 …………………………………………………（59）

14　土拉杆菌病 ……………………………………………（63）

15　葡萄球菌病 ……………………………………………（68）

16　炭疽 ……………………………………………………（73）

17　结核病 …………………………………………………（78）

18　诺卡氏菌病 ……………………………………（83）

19　钩端螺旋体病 ……………………………………（88）

20　莱姆病 ……………………………………………（93）

21　鹦鹉热 ……………………………………………（97）

22　Q 热 ………………………………………………（101）

23　猫抓病 ……………………………………………（105）

第二部分　病毒感染病

24　狂犬病 ……………………………………………（111）

25　戊型肝炎 …………………………………………（116）

26　流行性出血热 ……………………………………（121）

第三部分　真菌感染病

27　皮肤真菌病 ………………………………………（129）

28　隐球菌病 …………………………………………（134）

29　念珠菌病 …………………………………………（139）

30　球孢子菌病 ………………………………………（144）

31　组织胞浆菌病 ……………………………………（149）

32　孢子丝菌病 ………………………………………（155）

33　芽生菌病 …………………………………………（160）

第四部分　寄生虫感染病

34　弓形虫病 …………………………………………（167）

35　利什曼病 …………………………………………（175）

36　隐孢子虫病 ……………………………………（182）

37　肺吸虫病 ………………………………………（188）

38　肝吸虫病 ………………………………………（196）

39　旋毛虫病 ………………………………………（203）

40　丝虫病 …………………………………………（210）

41　包虫病 …………………………………………（219）

第一部分

细菌感染病

◇ 在此部分中，共记述了 23 种由广义细菌（bacteria）概念的真细菌（eubacteria）引起的感染病（infectious diseases）。其中，由狭义细菌（即通常所指的细菌）类引起的 17 种，另外是由放线菌（Actinomycetes）类引起的 1 种、螺旋体（Spirochaeta）类引起的 2 种、衣原体（Chlamydia）类引起的 1 种、立克次氏体（Rickettsia）类引起的 2 种。分别记述了这些细菌感染病的病原特征、感染类型、传播途径、防治原则 4 个方面的内容。

1 大肠杆菌病

大肠杆菌病（colibacillosis），是由病原大肠埃希氏菌（*Escherichia coli*）引起的人及（或）多种动物的细菌（bacteria）感染病（infectious diseases）。

大肠杆菌是大肠埃希氏菌的简称，也是比较常用的名称。大肠杆菌对人及动物的致病作用，均是以胃肠道感染（临床主要表现腹泻）最为常见，其次是人的尿道感染（urinary tract infection，UTI），再者是能引起人及动物多种类型的局部组织器官或全身感染。宠物的大肠杆菌病，主要发生于犬、猫及观赏鸟类等。

1.1 病原特征

大肠杆菌为两端钝圆的革兰氏阴性（红色）短杆菌，通常大小在（0.5~0.8）μm×（1.0~3.0）μm，是一种最为常见的肠道病原细菌（附图 1、附图 2，源自 http：//image.haosou.com。附图集中编排在书末，下同）。早在 1885 年，由德国儿科医师埃希（T. Escherich）首次从婴儿粪便标本中分离到，但在一个较长的时期里一直被认为是属于非病原菌，60 余年后才确定了大肠杆菌的病原学意义。

有的大肠杆菌仅引起人发病，有的仅引起某些动物发病，有的能引起人及多种动物发病。也有的大肠杆菌是不致病的，并能构成人及多种动物肠道正常菌群的重要组成菌，发挥有益的作用。发生大肠杆菌病耐过后具有一定的免疫力，但常常是难于获得有效的保护，还可再次被感染发病。

大肠杆菌在自然界分布广泛，主要是栖息于人及恒温动物的肠道，在其他动物的肠道中相对较少，可随粪便排出体外污染环境、饮水、食物等。在水、土壤、空气中，均有大肠杆菌存在。大肠杆菌对外界因素的抵抗力不强，通常加热到60℃经15min可被杀死，在干燥环境中也易死亡；对低温具有一定的耐受性，但快速冷冻可使其死亡。对常用的化学消毒剂均比较敏感，如5%～10%的漂白粉、3%的来苏尔、5%的石炭酸等水溶液能很快杀死大肠杆菌，对强酸、强碱类物质也很敏感。

大肠杆菌通常表现对常用抗菌类药物比较敏感，如在临床常用的庆大霉素、新霉素、氯霉素、卡那霉素、先锋霉素、呋喃妥因、头孢吡肟等。

1.2　感染类型

大肠杆菌病是一种比较典型的人兽共患病，且已跃居到了重要人兽共患细菌病的地位。无论是人的还是动物的大肠杆菌病，在临床表现方面均存在多种类型且比较复杂，但主要可以分为胃肠道感染和胃肠道外感染两大类。

1.2.1　人的大肠杆菌病

不同年龄的人群均可被感染，以婴幼儿更易被感染发病。常见的是胃肠道感染，也包括食物中毒（food poisoning）及特定的旅游者腹泻（diarrhea in travelers，DT）和出血性肠炎（hemorrhagic colitis，HC）。临床主要表现腹泻、呕吐，有的发热。胃肠道外感染泛指那些由肠道外病原性大肠杆菌（entraintestinal pathogenic *Escherichia coli*，ExPEC）引起的非胃肠道感染类型，常是散发，尤其容易发生医院内感染，主要包括 UTI、伤口感染、脑膜炎、溶血性尿毒综合征（hemolytic uremic syndrom，HUS）、血栓性血小板减少性紫癜（thrombotid thrombobocytopenic porpura，TTP）、肺炎、腹膜炎、菌血症、败血症等。严重患者，可出现死亡。

1.2.2　宠物的大肠杆菌病

宠物中以犬最容易被感染发病，尤以在 1 周龄内的幼犬为多见，以发生败血症、腹泻等为特征。通常是 2 周龄以上的幼犬有较强的抵抗力，发病后表现精神不振、体质衰弱、食欲减退、体温升高，明显症状是腹泻。猫的大肠杆菌病，一般均是在幼龄期，多有体温升高和腹泻的临床特征，也有败血症感染类型。在观赏鸟类，感染类型包括急性败血症及一些组织器官的炎性感染。在某些养殖水生动物类（尤其是鳖），也可被感染发病。

1.2.3　其他动物的大肠杆菌病

除上面记述宠物外的其他动物，包括养殖的哺乳动物（猪、牛、羊、马、家兔等）和禽类（鸡、鸭、鹅等）以及多种野生动物，均可被感染发病，尤以猪和鸡最为常见。通常均是在幼龄期容易被感染发病，哺乳动物以胃肠道感染发生腹泻的多见、禽类以组织器官炎症及败血症类型多见，常伴有体温升高。

1.3 传播途径

大肠杆菌常常是在随粪便排出后,通过污染水源、食物、动物饲料以及母畜的皮毛和乳头等,经消化道或呼吸道引起传染。人主要是通过手或污染的水源、食物等经消化道感染,宠物主要是通过被污染的饮水、饲料、饲养器具等直接或间接被感染。人与人、动物与动物、人与动物之间的接触,是一个重要的传播途径,这在人与宠物间的相互接触传染尤为重要。在发病的人或动物粪便中带有大量病原大肠杆菌,排至体外可构成主要的传染源。需要说明的是,在人或动物的病原性大肠杆菌存在不同血清群或血清型菌株的差异性,但也存在对人或动物均具致病性的菌株。

1.4 防治原则

要有效预防与控制大肠杆菌病的发生,一个重要的方面是不断改善卫生环境条件,对粪便、垃圾、污水等要进行无害化处理,同时注意平时的饮食卫生和养成良好的卫生习惯。尽量减少与宠物直接接触的机会,尤其要幼儿少玩耍宠物。对宠物的饲养环境、饲槽、笼具等要定期消毒处理,同时注意加强平时的饲养管理,特别注意饲料、饮水的清洁卫生。

对人的大肠杆菌病,胃肠道感染类型的可根据病情口服补液或静脉输液,以纠正水、电解质和酸碱失衡。一般情况下是对老年和婴幼儿患者以及有基础疾病的或重症患者,应给予抗菌类药物治疗，以改善临床症状和缩短排菌期。对胃肠道外感染类型的，除了对症治疗外，抗菌类药物的使用常常是不可缺少的，这在菌血症、败血症、肺炎、脑膜炎、腹膜炎等的感染类型中尤为重要。

对宠物大肠杆菌病的治疗，目前仍还主要是使用抗菌类药物。对发生腹泻的宠物，在出现腹泻病症后，也可于抗菌类药物治疗的同时使用补液疗法。

2 沙门氏菌病

沙门氏菌病（salmonellosis），是由沙门氏菌（*Salmonella*）引起的人及（或）多种动物的细菌（bacteria）感染病（infectious diseases）。在众多的病原沙门氏菌中，以鼠伤寒沙门氏菌（*Salmonella typhimurium*）和肠炎沙门氏菌（*Salmonella enteritidis*）最为常见。

沙门氏菌对人及动物的致病作用，均是以胃肠道感染（临床主要表现腹泻）最为常见，也有某些组织器官及全身感染病。宠物的沙门氏菌病，常见的主要是发生于犬和猫。

2.1 病原特征

沙门氏菌为两端钝圆的革兰氏阴性（红色）直杆菌，大小在（0.7～1.5）μm×（2～5）μm，是一个庞大的细菌家族（包括很多的种），也是一类常见的肠道病原菌（图1、附图3，源自 http：//image. haosou. com）。最早对沙门氏菌病的认识，是由伤寒沙门氏菌（*Salmonella typhi*）引起人的伤寒（typhoid fever）。对伤寒病原菌的最早认识与研究，首先是从德国病理学家埃伯特（K. J. Eberth）和德国细菌学家加夫基（G. T. A. Gaffky）开始的；1880 年，埃伯特首先描述了在伤寒患者肠系膜淋巴结组织切片中观察到的伤寒沙门氏菌，加夫基在 1884 年从伤寒患者的脾脏分离获得了伤寒沙门氏菌。鼠伤寒沙门氏菌，是由德国细菌学家吕弗勒（F. A. J. Loeffler）在 1892 年从类似伤寒的病鼠粪便中首先分离获得的；肠炎沙门氏菌是由盖特纳（Gaertner）在德国首先发现的，在 1888 年德国某村中出现表现为急性肠胃炎的患者 58 例，病因是食用了一头腹泻病死牛肉后发生了食物中毒（food poisoning），从 1 例病死患者脾脏及所食用的病死牛肉中分离到肠炎沙门氏菌。

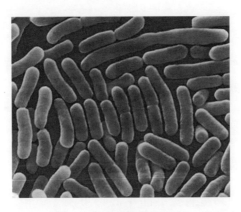

图 1　沙门氏菌基本形态

沙门氏菌在自然界的分布比较广泛，尤其是在人及猪、牛、羊、狗、犬、猫、鸡、鸭、鼠类等多种动物的肠道中，可随粪便排出体外污染环境、饮水、食物等，肉类、乳类、蛋类及其制品非常容易受到污染并可传播。在外界环境中能生存较久，在水和土壤中能生存数周至数月，在冰库中可存活半年以上。对热和消毒剂的抵抗力不是很强，加热 60℃经 30min 可被杀死，对常用的化学消毒剂均较敏感。

通常情况下，鼠伤寒沙门氏菌对临床常用的头孢唑啉、头孢拉啶、头孢噻肟、头孢曲松、头孢他啶、头孢哌酮、头孢吡肟、阿奇霉素、链霉素、卡那霉素、庆大霉素、妥布霉素、丁胺卡那霉素、新霉素、大观霉素、诺氟沙星、氧氟沙星、环丙沙星、恩诺沙星等抗菌药物具有不同程度的敏感性；对青霉素、四环素、多西霉素、氯霉素、克林霉素、万古霉素等具有不同程度的耐药性。

2.2 感染类型

沙门氏菌病，是一种比较典型的常见人兽共患病。人及动物的沙门氏菌病，在临床表现与病理变化方面存在多种类型且比较复杂，但主要可以分为胃肠道感染（包括人的食物中毒）和胃肠道外感染两大类，且一般常是具有相应的疾病名称。另外，常常是同一种沙门氏菌可引起多种不同类型的感染病，或是多种沙门氏菌可引起同一种类型的感染病。

2.2.1 人的沙门氏菌病

人的沙门氏菌病在不同年龄均可发生，但以幼龄和老年人更易被感染，临床表现主要有 3 种类型。①伤寒和副伤寒：伤寒由伤寒沙门氏菌引起，副伤寒（paratyphoid）由副伤寒沙门氏菌（*Salmonella paratyphi*）引起。②肠炎型（食物中毒）：这是最常见的沙门氏菌感染类型，由误食鼠伤寒沙门氏菌、猪霍乱沙门氏菌（*Salmonella choleraesuis*）、肠炎沙门氏菌等污染的食物引起，常为集体发生。③败血症：此类型多见于儿童或免疫力低下的成人，以鼠伤寒沙门氏菌、丙型副伤寒沙门氏菌（*Salmonella paratyphi*-C）、猪霍乱沙门氏菌、肠炎沙门氏菌等为常见。常是因侵入肠道的沙门氏菌进入血流后随血流进入组织、器官导致感染，如引起脑膜炎、骨髓炎、胆囊炎、心内膜炎等，但胃肠炎类型很少见。

2.2.2　宠物的沙门氏菌病

动物的沙门氏菌病又称副伤寒，是各种动物因沙门氏菌感染引起的疾病总称。临床多表现为败血症和肠炎，也可使怀孕动物发生流产。在宠物中，以幼龄的犬和猫容易被感染发病，多是在发病 3～4 周后可恢复，少数是继续表现慢性或间歇性腹泻，也有的情况是在急性期死亡。

2.2.3　其他动物的沙门氏菌病

除上面记述犬和猫外的其他动物，有多种家畜（尤其是猪、牛、羊、骆驼等）和家禽（鸡、鸭、鹅等）以及其他养殖和野生动物（狐、貉、貂、狼、麝、海狸鼠、鸟类等）、实验动物豚鼠等，均容易被感染发病，且非常普遍。

2.3　传播途径

沙门氏菌病患者及带菌者、保菌宿主、患病及带菌动物，均是重要的传染源。其传染源在多数情况下是来自于发病的动物，可由粪便、尿液、乳汁以及流产的胎儿、胎衣和羊水等排出沙门氏菌，污染水源、食物、动物饲料等，经消化道感染。

食用染菌而未经彻底消毒的食物是主要的传播方式，动物源性食品如肉类、内脏、蛋类、乳类均可传播，并可形成在人与动物间的相互感染循环。蛋是沙门氏菌的良好培养基，所以时有因吃了未经充分消毒（或煮熟）的蛋及其制品引起鼠伤寒沙门菌感染的发生。生熟食品未严格分开也是引起沙门氏菌病流行最常见的原因，水源污染或集体灶食物污染则可致暴发流行。亦可通过带菌的蟑螂、鼠或苍蝇等，污染用具或食物等传播。

2.4 防治原则

有效预防与控制沙门氏菌感染的发生，一个重要的方面是不断改善卫生环境条件，减少环境中的沙门氏菌数量以及感染发生的机会，尤其要尽量减少食物链的沙门氏菌污染。对粪便、垃圾、污水等要进行无害化处理，同时注意平时的饮食卫生和养成良好的卫生习惯。尽量减少与宠物犬、猫直接接触的机会，尤其要幼儿少玩耍犬、猫。对人的沙门氏菌病治疗，要根据相应感染类型采取治疗措施。基本原则是除了对症治疗和支持疗法外，需要根据病情使用抗菌类药物，这在败血症感染类型尤为重要。

对宠物沙门氏菌病的预防，是要保持犬、猫（舍）等的卫生，饲槽、笼具、食（水）具应经常清洗和定期消毒，同时注意加强平时的饲养管理，特别注意饲料、饮水的清洁卫生。对宠物粪便要妥善处理，并注意灭蝇、鼠、蟑螂等；不要饲喂宠物不卫生的饲料，以杜绝传染源；对病死宠物要进行无害化处理，饲养舍及器具要彻底消毒。对发病宠物的治疗，主要是使用抗菌类药物。

3 鼠疫

鼠疫（plague），是由鼠疫耶尔森氏菌（*Yersinia pestis*）引起的人及多种动物的细菌（bacteria）感染病（infectious diseases）。

鼠疫是一种广泛流行于鼠类和其他野生啮齿类动物中的自然疫源性的烈性传染病，具有发病急剧、传染性强、传播速度快、病死率高的特点，易酿成流行甚至大流行。历史上每一次人间鼠疫的流行，所带来的几乎都是毁灭性的灾难，也曾有过"亡国"的悲剧。宠物的鼠疫，偶在犬和猫有发生。

3.1 病原特征

鼠疫耶尔森氏菌为革兰氏阴性（红色）、大小在（0.5～0.7）μm×（1.0～2.0）μm 的短杆菌，由法国细菌学家耶尔森（A. J. E. Yersin；图 2，源自 http：//en. wikipedia. org）于 1894 年 6 月在我国香港首先发现。

自公元前 3 世纪至 20 世纪初，人类有过 3 次毁灭性的鼠疫大流行（其间有若干次小规模的流行）：第一次发生在公元 6 世纪，在此次流行的 40 余年间（520—565 年）几乎波

图 2　耶尔森

及当时欧洲的所有国家，估计死亡近 1 亿人（相当于第二次世界大战爆发两次的死亡人数），此次大流行导致了流行最严重的拜占庭帝国（即东罗马帝国）的衰败（全国人口有近半数死亡）；第二次发生在公元 14 世纪并一直持续到 17 世纪中叶（1346—1665 年），在欧、亚、非各洲流行 300 余年，欧洲死亡约 2 500 万人、亚洲死亡约 4 000 万人，当时被称为"黑死病"（black death）、"大灭绝"（great dying）、"大瘟疫"（great pestilence），实际上此次大流行一直持续到 1800 年才最终平息，再次带走了近 1 亿人的生命；第三次大流行从 19 世纪末（1894 年）至 20 世纪 30 年代达到高峰，直接起源于 1890 年在我国云南与缅甸交界处的暴发、并于 1894 年 5 月登陆香港，相继波及欧、亚、非、美四大洲的 60 多个国家和地区，死亡 1 500 多万人，印度是此次鼠疫流行的主要受害国（1898—1948 年死亡人数超过 1 200 万），一直延续到 20 世纪 60 年代初方才止息。耶尔森就是在此次鼠疫大流行中，发现了鼠疫耶尔森氏菌。另外是在 1910 年秋，我国东北地区暴发肺鼠疫（pneumonic plague），在短短数月夺走了 6 万多人的生命（图 3，源自 http://image.baidu.com）。

鼠疫耶尔森氏菌对理化因素的抵抗力较弱，对光、热、干燥均很敏感，被日光直射 4～5h 即死亡，湿热 55℃经 15min、或 70～80℃经 10min、或 100℃经 1min 即可将其杀死，干热需 140℃作用 10min 或 160℃作用 1min 才能使之死

图 3　鼠疫流行的惨景

亡。在低温及有机体物中生存的时间较长，在痰液中能存活10～20d，在尸体内可存活数周至数月（冬季），在蚤类粪便、土壤中能存活0.5～1年的时间，在一般室温存放的衣物或血迹中可存活很长时间。对一般的常用消毒剂均敏感，5%来苏尔或石炭酸、0.1%～0.2%升汞能在20min内杀死在痰液中的鼠疫耶尔森氏菌，漂白粉或生石灰也是很有效的消毒剂。

鼠疫耶尔森氏菌通常对氨基糖甙类、四环素、链霉素等抗生素以及磺胺类药物均敏感。

3.2　感染类型

鼠疫耶尔森氏菌主要是引起淋巴结、肺脏、脾脏等的局部组织器官感染，严重时可发生败血症。

3.2.1　人的鼠疫

鼠疫是一种自然疫源性传染病，通常先是有鼠类的发病和流行，当大批病鼠死亡后，失去宿主的鼠蚤转向人群，就有可能引起人类鼠疫。人患鼠疫后，可通过呼吸道或蚤引起在人群间鼠疫的流行；临床上常见的有腺鼠疫（bobunic plague）、败血型鼠疫（septic plague）及肺鼠疫3种感染类型，通常简称腺型、败血型、肺型。腺鼠疫是鼠疫的最常见类型，主要由野鼠传染到家鼠，再由带菌鼠蚤叮咬人时发生感染。除全身中毒症状外，以急性淋巴结炎为特征，表现为被叮咬处的局部淋巴结肿胀，继之发生坏死和脓疡。肺鼠疫及败血型鼠疫患者，临终前病人全身皮肤出血、坏死、由紫癜变成黑（紫）色，所以也被称为"黑死病"。另外还有轻型鼠疫，以及少见的皮肤型鼠疫（skin plague）、脑膜炎型鼠疫（meningeal plague）、肠炎型鼠疫（enteric plague）、眼结膜型鼠疫（conjunctive plague）、咽型鼠疫（pharyngea plague）等。

3.2.2 宠物的鼠疫

犬和猫的鼠疫常为隐性感染，发生显性感染后的症状与人的鼠疫相似。在很多情况下是表现为轻型鼠疫，在流行中往往被忽视。

3.2.3 其他动物的鼠疫

除上面记述犬和猫外的其他动物，啮齿动物发生自然感染后，可引起急性、亚急性和慢性疾病或隐性感染。发病死亡动物的病变程度，常因病程不同存在一定的差异。在急性病例，常表现为出血性淋巴结炎和脾炎，一般在其他器官的病变不明显；在亚急性和慢性病例，淋巴结出现干酪样病变，脾、肝、肺脏存在针尖大小的坏死灶。

在家畜中以骆驼的鼠疫较为常见，急性感染后体温升高，全身症状明显，孕骆驼还可发生流产，发病严重的多卧地不久后死亡；亚急性的症状较轻，可逐渐恢复。在其他多种动物，如驴、骡、狐、羊等亦均可被感染。

3.3 传播途径

鼠疫耶尔森氏菌一般是通过跳蚤叮咬引起感染及传播，由于鼠蚤的叮咬或蚤粪及其呕吐物污染皮肤经搔痒侵入，亦可在剥死兽皮时被感染，肺鼠疫可经呼吸道飞沫导致在人间传播。鼠疫也可能通过捕食过程扩散，食肉动物感染鼠疫主要是通过这种方式，人类捕杀或食用患有鼠疫动物的肉类，是鼠疫通过旱獭、骆驼等动物传入人类的主要方式。

鼠疫的主要传染源是鼠类和其他啮齿类动物（自然界受感染的啮齿类动物已发现有 220 多种），主要为黄鼠属、旱獭属、大沙土鼠属及沙土鼠属，其他动物如猫、羊、兔、骆驼、狼、狐等也可能成为传染源。鼠间鼠疫传染源（储存宿主）有野鼠、地鼠、狐、狼、猫、豹等，其中的黄鼠属和旱獭属最重要；家鼠中的黄胸鼠、褐家鼠和黑家鼠是人间鼠疫的重要传染源。各型鼠疫的患者均可成为传染源，以肺型鼠疫最为重要；败血型鼠疫早期的血液有传染性，腺鼠疫仅在脓肿破溃后或被蚤吸血时才起传染源作用。

动物和人间鼠疫的传播主要以鼠蚤为媒介，已发现至少有 30 种以上的蚤类能传播鼠疫（其中主要是开皇客蚤）。"鼠→蚤→人"的传播，是鼠疫的主要传播方式。另外，鼠疫耶尔森氏菌也可通过呼吸道及消化道黏膜进入体内。再者是食用未充分煮熟病啮齿类动物的皮肉，可通过消化道感染。鼠疫还有经皮肤传播和呼吸道飞沫传播的方式，直接接触病人的脓、痰均可经皮肤伤口发生感染。肺鼠疫患者痰中的细菌可通过飞沫构成"人→人"之间的传播，造成人间的肺鼠疫大流行。

3.4 防治原则

根据鼠疫的自然疫源地特征，以及其主要的传染源和传播途径，要有效预防与控制鼠疫的发生与流行，其根本措施是灭鼠、灭蚤，以切断鼠疫传播环节、消灭鼠疫的疫源。

发现疑似或确诊的鼠疫患者，要立即按要求做紧急疫情上报，同时严格隔离患者，控制其传播。对腺鼠疫患者要隔离至炎症消失，对肺鼠疫患者要严格呼吸道隔离至痰液中菌检阴性；对接触者需检疫 9 日，或至抗菌治疗开始后 3 日。对病人的排泄物要彻底消毒，医护人员要有严密的自身防护措施。一旦发生人的鼠疫暴发，需要立即按要求对疫区封锁，断绝一切交通通行，直至疫情完全扑灭、疫区彻底消毒后才可解除封锁。

对人的鼠疫要及早采用有效抗菌药物（链霉素、四环素等）治疗，还可同时采用补液、降温、输血或血浆等对症治疗和支持疗法。对淋巴结炎一般无需做局部处理，尤其对未软化的切勿切开以免引起全身播散；对个别出现液化的可切开引流，但要特别注意采取有效的防护措施。

4　耶尔森氏菌病

耶尔森氏菌病（yersiniosis），通常主要是指由小肠结肠炎耶尔森氏菌（*Yersinia enterocolitica*）引起的人及多种动物的细菌（bacteria）感染病（infectious diseases）。

耶尔森氏菌病在临床常见的是胃肠道感染（主要表现腹泻）类型，另外是呈某些组织器官的局部感染或败血症感染以及人的食物中毒（food poisoning）。宠物的耶尔森氏菌病，主要发生于犬、猫、猴等。

4.1　病原特征

小肠结肠炎耶尔森氏菌为革兰氏阴性（红色）的球杆状或杆状，大小在（0.5～1.3）μm×（1.0～3.5）μm，是一种重要的肠道病原菌。早在 1933 年被发现于美国纽约州，美国学者于 1934 年首先对此菌进行了描述；至今 80 年来，早已明确了小肠结肠炎耶尔森氏菌感染的主要类型、流行病学特征，以及在人兽共患病中的重要地位。

人或动物被小肠结肠炎耶尔森氏菌感染后耐过，在血清中可出现特异性凝集抗体，具有一定的免疫力，但其对再感染的免疫保护作用还不是很明确。

小肠结肠炎耶尔森氏菌的分布广泛，曾从乳、乳制品、蛋制品、饮料、蔬菜、肉类（牛肉、猪肉、羊肉、鸡肉）和水产品（牡蛎、贝类、鱼）等食品以及猪、牛、羊、犬、家兔、鼠类等哺乳类动物和禽类（鸡、鸭、鹅、鸽等）的排泄物中检出，在蛙和蜗牛等冷血动物以及未用过氯处理的饮水中也曾发现。

小肠结肠炎耶尔森氏菌不耐热，通常在60℃加热30min或65℃水浴中1min可全部被杀死；对低温有较强的耐受性，在4℃可存活18个月，能在4℃存放的奶中生长，在−8℃保存的鸡肉中于90d后的菌数仅略有减少；较其他革兰氏阴性细菌更能耐受高pH值，对低浓度氢氧化钾（KOH）水溶液有更强的抵抗力。

小肠结肠炎耶尔森氏菌对常用抗菌类药物的敏感性，常表现出在不同菌株间具有一定的差异性。通常表现为多数菌株对临床常用的丁胺卡那霉素、先锋必、卡那霉素、痢特灵、庆大霉素、氯霉素等敏感，多数菌株对多黏菌素B、妥布霉素、新霉素、先锋霉素V、链霉素等敏感或较敏感，多数菌株对复方新诺明、四环素、氨苄青霉素、红霉素耐药，均对洁霉素、青霉素耐药。

4.2　感染类型

小肠结肠炎耶尔森氏菌已被确定为食源性病原菌（food-borne pathogen），临床主要表现为胃肠道致病性。另外，胃肠道外感染类型也是比较常见的。

4.2.1　人的耶尔森氏菌病

人的耶尔森菌病临床表现，约有2/3的患者以急性胃肠炎、小肠结肠炎为主，约1/3患者以败血症为主并常伴随肝脓肿，部分病例有慢性化倾向，其他组织器官也会发生变化（如活动性关节炎和结节性红斑等），另外则是食物中毒。①小肠结肠炎：通常经1周左右的潜伏期后突然发病，表现腹痛和腹泻，水样稀便并可带黏液及偶见脓血，少数患病幼儿出现呕吐，一般为自限性的，发热和腹泻在几天后可自愈。②末端回肠炎：以末端回肠、阑尾和肠系膜淋巴结的炎症为主，多见于年长儿童和青年，临床特点为突然发热、右下腹痛或压痛。③败血症：机体抗感染能力低下是继发败血症的主要原因，临床表现持续高热、肝和脾肿大、头痛和腹痛、但不一定伴有腹泻，部分病例可出现肝和脾脓肿、骨髓炎和脑膜炎等迁徙性病变。④变态反应性病变：有的小肠结肠炎成人病例可继发关节炎，亦可继发虹膜睫状体炎、脉络膜炎、动脉炎、心肌炎、脑膜炎、甲状腺炎、莱特尔氏综合征（Reiter's syndrome）即结膜—尿道—滑膜综合征、溶血性贫血和肾小球肾炎等。⑤食物中毒：摄食了被小肠结肠炎耶尔森氏菌污染的食品后，可发生相应的胃肠型细菌性食物中毒（bacterial food poisoning，gastroenteric type）。⑥其他感染类型：小肠结肠炎耶尔森氏菌还可引起肠系膜淋巴结炎、关节炎、肝炎、荨麻疹、腱鞘炎、骨髓炎、肺炎、脑膜炎、心肌炎、心内膜炎、咽炎和颈部淋巴结病、甲状腺病、血栓病、扁桃体炎、脓瘘、虹膜炎、肾小球肾炎等，其中的关节炎是小肠结肠炎耶尔森氏菌胃肠道外感染的常见类型。

4.2.2　宠物的耶尔森氏菌病

犬、猫的耶尔森氏菌病，主要表现为肠炎型，临床出现腹泻、发热等症状。另外还有表现腹痛、发热、呕吐等症状的腹痛型，关节肿胀的关节炎型，败血症感染等。猴的感染，主要是出现腹泻症状。

4.2.3 其他动物的耶尔森氏菌病

除上面记述宠物外的其他动物，小肠结肠炎耶尔森氏菌可引起多种家畜、家禽、啮齿类动物（豚鼠、鼠类、家兔及野兔）、鸟类等感染发病。在家畜中主要是引起猪、牛、绵羊、山羊的腹泻，其中，以猪的感染率最高，还可致绵羊流产。

4.3 传播途径

人、动物、食品、水源等受到小肠结肠炎耶尔森氏菌的污染，均可成为人和动物的传染源，其中，主要是病人和健康带菌者、患病和带菌动物，动物中的猪、牛、犬、啮齿类动物以及某些昆虫（苍蝇、蟑螂、跳蚤等）在疾病传播中起着重要作用。

小肠结肠炎耶尔森氏菌是一种典型的食源性病原菌，食品和水源污染，常常是胃肠道感染类型的重要传染源并可引起暴发流行。其传播途径包括人—人、人—动物、动物—动物、食物及水的传播，在大多数病例均是通过消化道感染及粪—口途径传播的。另外，被感染的人群和动物的咽喉、舌、痰液、气管分泌物等均可带菌，通过呼吸道在人群和动物中相互传播。食品和饮水受到污染，往往是暴发胃肠炎的重要原因。

4.4 防治原则

有效预防与控制耶尔森氏菌病的发生，一个重要的方面是不断改善卫生环境条件，对粪便、垃圾、污水等要进行无害化处理，严防污染周围环境、水源和食物。同时注意平时的饮食卫生和养成良好的卫生习惯，以切断主要传播链。另一方面，要注意灭鼠、苍蝇、蟑螂、跳蚤等，以防其传播。

人的耶尔森菌病多为自限性的，轻者一般是无需治疗即可自愈。耶尔森氏菌病中发病较重及败血症感染等，除了给予一般支持疗法外还需要使用抗生素治疗。现在一般的观点认为对耶尔森氏菌病的治疗首先是采用抗菌疗法，在使用抗生素期间，不要使用各种类型的铁制剂。此病的过程比较复杂，如急性可转为慢性的、免疫障碍可导致多种器官的长期损害、恢复期会出现自主神经功能紊乱等，以致对此病的治疗也是比较复杂的，仅靠抗菌疗法是不够的；主要的难点，在于防止病情转为慢性和预防免疫过敏反应。

对动物耶尔森氏菌病的治疗，相对来讲要比对人耶尔森氏菌病的治疗简单，目前仍还主要是使用抗菌疗法。

5 假结核

假结核（pseudotuberculosis），是由假结核耶尔森氏菌（*Yersinia pseudotuberculosis*）引起的人及多种动物的细菌（bacteria）感染病（infectious diseases）。

假结核的临床常见类型是肠道感染，以在肠道及脾脏、肝脏等组织器官出现干酪样结节病变为特征。宠物的假结核，主要发生于犬、猫及观赏鸟类等。

5.1 病原特征

假结核耶尔森氏菌为革兰氏阴性（红色）的球杆状或杆状，大小在（0.8～6.0）μm×0.8μm（有的呈丝状），是一种比较常见的肠道病原菌。早在1883年，国外学者首先通过用死于结核性脑膜炎儿童的脓液，接种给豚鼠后发现此菌。直到20世纪50年代，在查明了此菌与小儿的肠系膜淋巴结炎和阑尾炎有关后，才被引起重视。

人或动物被假结核耶尔森氏菌感染后耐过，在血清中可出现特异性凝集抗体，具有一定的免疫力，但其对再感染的免疫保护作用不是很有效的。

假结核耶尔森氏菌在自然界的分布比较广泛，主要分布在气候寒冷的地区；在人及多种哺乳类动物、鸟类、水及土壤环境均有存在，对不利的环境因素有较强的抵抗力。在经煮沸后放置于室温及4℃的自来水中可存活1年不失其毒力，在室温的自来水中可存活46d（在4℃存放可达244d），在4℃保藏的肉类中可存活145d，在室温或4℃存放的面包、牛奶中约能存活2~3周。

假结核耶尔森氏菌对常用的抗菌类药物比较敏感，如在临床常用的链霉素、氟哌酸、红霉素、卡那霉素、丁胺卡那霉素、头孢噻肟、头孢唑啉、头孢哌酮、阿米卡星、氧氟沙星、新霉素、庆大霉素等，通常具有不同程度的敏感性；对四环素、磺胺类、氯霉素、青霉素、痢特灵、环丙沙星等，通常具有不同程度的耐药性。

5.2 感染类型

无论是人的还是动物的假结核，均是世界性分布的，但常表现一定的区域特征，主要是在欧洲多发。在我国一些散发病例也一直存在，也有引起食物中毒（food poisoning）暴发的事件。

5.2.1 人的假结核

不同年龄的人均可被感染发病，以在20岁以下的年龄段多发，败血症类型多发生在老年人。常见的临床病型为肠系膜淋巴结炎，症状类似急性或亚急性阑尾炎，临床表现右下腹痛、发热，有多数患者会出现腹泻，部分伴有关节痛或背痛，多发生在5~15岁的学龄儿童。另一种病型为高热，紫癜并伴有肝、脾肿大。亦有呈结节性红斑型的，还有的严重患者可发展为败血症。

5.2.2　宠物的假结核

在犬和猫等动物，主要是引起慢性消耗性疾病，以在肠道、内脏器官和淋巴结出现干酪样坏死结节为特征。鸟类主要是金丝雀，以腹泻、跛行或步态强拘为特征，可在肝、脾、肺或肠道出现干酪样结节病变。

5.2.3　其他动物的假结核

除上面记述宠物外的其他动物，有多种养殖的哺乳类动物（猪、牛、羊、家兔、鼠类等）和禽类（鸡、鸭、鹅等）以及野生动物，均可发生假结核，尤以家兔、豚鼠等啮齿类动物更易被感染发病。通常均多是在幼龄期容易被感染，常是以胃肠道感染发生腹泻、出现干酪样坏死结节病变为特征。以慢性感染的情况较多，也存在急性败血症感染类型。

5.3　传播途径

假结核耶尔森氏菌在自然界的分布很广，鼠类和其他啮齿类动物是主要的自然贮存宿主和传染源；另外有多种动物（犬、猫、猪等），也均是人类的重要传染源，鸟类在传染链中也具有重要意义。在自然条件下，被假结核患病动物和鸟类等动物排泄物污染的土壤、饲料或饮水及其周围环境，均可传播假结核耶尔森氏菌，从而引起地方性流行或散发病例。假结核耶尔森氏菌也是一种重要的食源性病原菌（food-borne pathogen），主要是通过消化道感染及粪—口途径的接触传播，患病与健康带菌者及动物均可成为传染源。人类主要是通过摄入被感染动物粪便污染的食物或饮水引起食源性疾病（foodborne diseases），以及与动物直接接触后通过损失的皮肤或呼吸道被感染。

5.4 防治原则

　　加强卫生管理，是防止假结核感染与传播的根本原则。在人的预防感染是特别防止假结核耶尔森氏菌从口侵入，必须加强肉类、食品及饮水的卫生管理和处理，也要注意蔬菜类被污染，特别注意防止从宠物犬、猫、鸟类的感染。另外是注意消灭鼠类，以及防止宠物犬、猫等直接接触食品。防止食物传播感染的一般卫生学方法和尽力避免玩赏宠物犬、猫等可能构成的威胁（尤其是对幼儿），可在一定程度上减少假结核的发生。

　　目前，对人的假结核病的治疗，还主要是使用抗菌类药物。但在有的情况下并不是很有效的，均需要结合补液以及其他的对症疗法。一般情况下在 2~3 周可痊愈，无合并败血症类型的病例通常预后良好。对宠物假结核病的治疗，也主要是采用抗菌疗法。

6 志贺氏菌病

志贺氏菌病（shigellosis），是由志贺氏菌（*Shigella*）引起的人及某些动物（尤其是非人灵长类）的细菌（bacteria）感染病（infectious diseases）。

志贺氏菌病主要表现为一种急性肠道传染病，具有发病率高、流行广泛等特点，常是以临床表现腹泻、结肠黏膜呈化脓性溃疡性炎症的病变为其基本特征，因此，也被称为细菌性痢疾（bacillary dysentery）简称菌痢。另外，也常发生临床表现多种类型的肠道外感染或败血症。宠物的志贺氏菌病，主要是发生于猴。

6.1 病原特征

志贺氏菌为革兰氏阴性（红色）的直杆菌，大小在（0.7~1.0）μm×（1.0~3.0）μm，是一类重要的肠道病原菌。在19世纪的后10年内，日本发生了猛烈且广泛的菌痢流行，据日本细菌学家志贺洁（Kiyoshi Shiga）于1898年的报告，在一个短期内发病89 400人（其中，死亡22 300人）；此间，志贺洁（图4，源自 http：//gensun. org）在1898年从不同患者分离到一种相同的细菌，即现在的痢疾

志贺氏菌 (*Shigella dysenteriae*);附图 4 (源自 http://image. haosou. com) 显示志贺氏菌的超微形态特征。

菌痢病后具有一定的免疫力,但其免疫期短、且不稳固,可能与志贺菌的菌型多、不同菌型株间缺乏交叉免疫能力有关。

志贺菌的分布较广泛,不仅能从人类以及其他灵长类动物的直肠内容物和粪便中检出,也能从其他非灵长类动物检出。志贺氏菌对酸敏感,在粪便中的志贺菌会受到其他细菌酸性产物的影响,可在数小时内死亡;在污染的物品及瓜

图 4　志贺洁

果和蔬菜上,志贺菌可存活 10~20d;在适宜的温度下可于水及食品中生长繁殖,引起水源性或食源性的菌痢暴发流行。一般经 60℃加热维持 15min 或阳光照射 30min 或煮沸 2min,均能杀死志贺氏菌;对多种常用消毒剂均敏感,如 1% 石炭酸溶液、漂白粉、新洁尔灭等均能有效杀灭志贺氏菌。

志贺氏菌容易产生耐药性,而且多重耐药现象更为常见。通常表现对氨苄西林、氯霉素、链霉素、磺胺药物和四环素中的某几种耐药率高,对氟喹诺酮类和第三代头孢菌素类较为敏感。

6.2　感染类型

志贺氏菌是典型的肠道病原菌,为食源性病原菌 (food-borne pathogen),主要是引起人的菌痢。但在近些年来,一

些其他感染类型及败血症等也陆续有散发病例的报告。在动物，一般认为菌痢主要是发生在非人灵长类（在猕猴尤为突出），但也有在家畜（禽）以及其他动物发生志贺菌病的报告。

无论是人的还是动物的志贺氏菌病，在临床表现与病理变化方面均存在多种类型且比较复杂，但主要可以分为最常见的菌痢和相对少见的肠道外感染两大类。

6.2.1　人的志贺氏菌病

志贺氏菌作为人类和非人灵长类动物的典型肠道病原菌，主要是引起菌痢；对于营养不良、免疫力低下的儿童，还常可引起菌血症或败血症。有些病例在腹泻的晚期可出现溶血性尿毒综合征（hemolytic uremic syndrom），变态反应性并发症——莱特尔氏综合征（Reiter's syndrome）即结膜—尿道—滑膜综合征等。另外，也是人食物中毒（food poisoning）的一种重要病原菌。

6.2.2　宠物的志贺氏菌病

在宠物中，主要是对猴可引起感染发病。有多种猴可被感染，也可发生流行。常常表现为急性菌痢，病猴精神不振、腹泻，有的粪便带血。

6.2.3　其他动物的志贺氏菌病

除上面记述猴外的其他动物，志贺氏菌主要感染非人灵长类。在国外有由志贺氏菌引起犊牛、仔猪、小鼠、豚鼠等动物感染的病例报告。在我国，已分别有在牛、家兔、鸭、鸡等家畜（禽）及袋鼠等动物发生志贺氏菌病的报告。

6.3 传播途径

志贺氏菌病通常多是发生在 5 岁以下的儿童，主要感染途径为接触感染者的带菌粪便、含志贺氏菌的食物和饮水以及由蚊子等传播引起，过分拥挤的居住环境以及卫生状况较差的饮水供应是造成志贺氏菌病高感染率的主要原因。志贺菌主要是通过粪—口途径传播，其最终感染部位是大肠，常常发生在人群集中的环境（医院、托儿所、野外聚餐等场所）。志贺氏菌可在苍蝇体表和肠道内存活数小时到 4d，因此，苍蝇作为传播媒介污染食品具有重要意义。排菌者通过沾污粪便的手污染环境器物，健康者因手被志贺氏菌污染，继而造成经口感染；亦可因蔬菜、瓜果、食物和饮水受到直接或间接（如通过苍蝇及蟑螂等）污染等，造成经口感染。

6.4 防治原则

志贺氏菌病主要的感染类型属于肠道传染病，在预防与控制措施方面，安全的食品和水源供应、良好的卫生条件和个人卫生习惯是重要的。要切实加强水源和粪便管理，并认真执行饮食卫生法规，注重个人卫生，尽量避免与患者及发病动物接触，对粪便、垃圾、污水等要进行无害化处理。饲养管理及与猴直接或间接接触者，要注意做好个人防护。对志贺氏菌病的治疗要选择敏感抗菌类药物，最好是联合用药，以避免耐药菌株的出现。与患者有密切接触者，可预防用药。对中毒型的除选择敏感抗菌类药物治疗外，还要积极采取支持疗法和对症治疗。对慢性型的，宜采取以抗菌治疗为主的综合性措施。

    在动物志贺氏菌病的有效预防与控制方面,尤其需要做到的是养殖场环境、圈舍、饲槽、笼具等的定期消毒处理,同时注意加强平时的饲养管理,对粪便及时进行无害化处理。另外是要特别注意饲料、饮水的清洁卫生。对动物志贺氏菌病的治疗,目前,仍还主要是使用抗生素,同时应结合对症的一般疗法。

7　变形菌感染病

奇异变形菌（*Proteus mirabilis*）和普通变形菌（*Proteus vulgaris*），能在一定条件下引起人及多种动物发生细菌（bacteria）感染病（infectious diseases）。

在人的感染类型，主要是引起尿道感染（urinary tract infection，UTI），还可引起其他多种临床类型的感染，也是引起食物中毒（food poisoning）的主要病原菌，具有重要的公共卫生安全意义。在宠物，主要是能引起猴的感染发病，另外是犬、猫也可被感染发病或带菌传播。

7.1　病原特征

变形菌为革兰氏阴性（红色）的直杆菌，大小在（0.4~0.8）μm×（1.0~3.0）μm，临床常见的是奇异变形菌和普通变形菌（附图 5、附图 6，其中附图 6 源自 http://image.haosou.com）。广泛存在于污水、粪便、厩肥、堆肥、垃圾、土壤特别是腐败的有机质中，在这些生境中它们对有机物的分解起着重要作用。人和动物的粪便，带菌率都很高。奇异变形菌和普通变形菌多见于小鼠、大鼠、猿猴、浣熊、犬、猫、牛、猪、鸟类、爬行类以及人和多种动物的肠道内，也广泛分布于人及动物体表，还可在久存的熟食品上大量生长繁殖。

临床分离的奇异变形菌和普通变形菌，通常表现对氨苄西林、复方新诺明、环丙沙星、四环素的敏感率很低，对阿米卡星、头孢唑啉、头孢他啶、头孢曲松、头孢噻吩、庆大霉素、头孢西丁、亚胺培南、头孢哌酮/舒巴坦、头孢吡肟等的敏感率较高，尤其表现对亚胺培南、哌拉西林/三唑巴坦、氨曲南的敏感率高。

7.2　感染类型

奇异变形菌和普通变形菌，常能单独或是与其他病原菌混合感染引起人及某些动物的不同类型感染病。在对人的致病作用方面，很常见的就是引起 UTI；另外，有的菌株能引起胃肠道致病性，主要是引起食物中毒；在呼吸道、烧伤创面感染中的检出率也是比较高的。在动物，主要表现为胃肠道致病性；另外，则是伤口或某些组织器官的局部感染。

7.2.1　人的变形菌感染病

泌尿系统感染，包括尿道炎、膀胱炎、肾盂肾炎等多种类型，临床表现尿频、血尿、脓尿等。在变形菌引起的食物中毒方面，临床上可分为两种类型，预后一般均良好。一是胃肠型，主要为急性胃肠炎的表现；二是过敏型，主要表现为全身充血、颜面潮红、酒醉面容、周身痒感，胃肠症状轻微，少数患者可出现荨麻疹。

在适宜的条件下，变形菌还可引起机体其他部位的损伤，如创口、烧伤部位、呼吸道、眼、耳、咽喉等的局部感染以及腹膜炎、脑膜炎、肺炎、脓性中耳炎、乳突炎、心内膜炎、菌血症和败血症等，新生儿的脐带残体被感染后还可能会引起高度致死的败血症及脑膜炎，新生儿腹泻的暴发流行更为多见。

7.2.2　宠物的变形菌感染病

宠物的变形菌感染病，主要发生在猴。临床表现腹泻，在猴群常呈暴发性流行，死亡率比较高。刘国璋等（1998）报告在1996年9月至10月间，在福建省计划生育科学技术研究所实验中心邵武猴场的73只猕猴，暴发流行了由奇异变形菌引起的腹泻病，先后发病69只（发病率94.5%），死亡21只（病死率30.4%），历时35d，同时还传染给了一名饲养人员。另外是幼龄的犬和猫，也可被感染发生腹泻，也偶可引起犬发生外耳炎。

7.2.3　其他动物的变形菌感染病

除上面记述宠物外的其他动物，变形菌感染比较复杂，一般缺乏明显的感染特征，但常常是容易引起幼龄动物（禽类、牛、绵羊、山羊等）的腹泻，另外则是某种组织器官的局部感染等，在一定的条件下也偶见于某些动物局部伤口的继发感染，也偶可致成年家畜腹泻，其中，以奇异变形菌较为常见。

7.3　传播途径

直接或间接的接触感染，是变形菌的主要传播方式。在医院的泌尿系统感染中，尿道插管或其他导管是直接接触感染的主要途径之一。奇异变形菌和普通变形菌污染水源或食物后，可引起腹泻的暴发流行，传染源主要是腹泻的粪便及其污染的水源、食品（多为凉拌菜及熟肉制品）。患者及患病动物，是重要的传染源。变形菌常引起的泌尿系统感染，常为肠源性的。宠物犬、猫，可通过带菌传播。引发食物中毒的食物主要以动物性食品为主，其次为豆制品和凉拌菜，中毒原因主要是被污染食品在食用前未彻底加热处理。

7.4 防治原则

保持环境和所用物品的清洁卫生，是一项重要的措施。对病人及宠物的粪便以及垃圾、污水等要进行无害化处理，同时注意平时的饮食卫生和养成良好的卫生习惯。这些，是有效预防与控制变形菌感染和传播发生的重要措施。变形菌感染病是主要的食源性传染病，防止污染、控制繁殖、食品在食用前彻底加热处理是预防变形菌食物中毒的3个主要环节。做好食物及水源的保护，尤其是对肉类食品的深加工，切断病原的传播尤为重要。

在有效防止宠物变形菌感染与传播方面，尤其需要做到的是养殖饲槽、笼具等的定期消毒处理，同时注意加强平时的饲养管理；对粪便及时进行无害化处理，另外要特别注意饲料、饮水的清洁卫生。

变形菌感染多为自限性的，不经治疗可在 $1 \sim 2d$ 内自行恢复。对严重感染以及存在其他细菌混合感染等的病例，要进行抗菌及对症治疗。在动物的变形菌感染，目前，还主要是采用抗菌疗法。

8 绿脓杆菌病

绿脓杆菌病（cyanomycosis），是由铜绿假单胞菌（*Pseudomonas aeruginosa*）在一定条件下引起的人及多种动物的细菌（bacteria）感染病（infectious diseases）。

绿脓杆菌是铜绿假单胞菌的简称，也是人们熟悉和在文献中常被采用的名称。绿脓杆菌主要是能引起人的呼吸系统、泌尿系统及某些组织器官的感染与败血症，另外，还可引起食物中毒（food poisoning）。宠物的绿脓杆菌病，主要是发生在犬。

8.1 病原特征

绿脓杆菌为革兰氏阴性（红色）的直杆菌（个别微弯曲），大小在（0.5 ~ 1.0）μm ×（1.5 ~ 3.0）μm（图5、附图7，其中附图7源自 http：//image. haosou. com）。绿脓杆菌能够作为病原菌引起感染病，最先由卢克（Lucke）在1862年发现，"*Bacterium aeruginosum*"（绿脓杆菌）是由施勒特（Schroeter）在1872年首先命名的。

绿脓杆菌广泛存在于自然界的土壤、水和空气中，在健康人、动物肠道及与外界相通的腔道和皮肤上也可发现，更

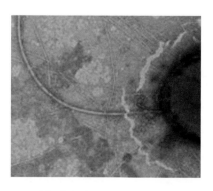

图5 绿脓杆菌超微形态（长丝状物为鞭毛）

易出现在各类临床标本材料中。绿脓杆菌对某些外界因素的抵抗力比一般的无芽孢杆菌要强，在潮湿处能较长期生存，对紫外线不敏感，对干燥有抵抗力（置于滤纸上在空气中存放可存活3个月），对热的抵抗力不强（经56℃加热30min可被杀灭）。能耐受多种消毒剂，仅对某些消毒剂（如1%石炭酸等处理5min可将其杀灭）敏感；对醛类、汞类和表面活性剂有不同程度的抵抗力，可在新洁尔灭等表面活性剂中存活。

绿脓杆菌通常对临床常用的青霉素G、氨苄西林、头孢霉素、链霉素、四环素、氯霉素、红霉素、万古霉素、新生霉素等多种抗生素，均具有一定程度的天然抗性。通常对羧苄西林轻度或中度敏感，对庆大霉素、卡那霉素、丁胺卡那霉素、新霉素、妥布霉素、多黏菌素等比较敏感。

8.2 感染类型

绿脓杆菌在多数情况下是在创伤部位定居，生长繁殖并导致形成局灶性脓肿。可在机体抵抗力低下的情况下沿淋巴系统进入体内，并在组织中扩散蔓延，最后进入血流引起菌血症、败血症或在各脏器中形成多发性脓肿。

8.2.1　人的绿脓杆菌病

人的绿脓杆菌病类型比较复杂，可导致多种系统感染，主要包括呼吸系统、泌尿系统、中枢神经系统等的感染。常常可引起某些局部组织器官的炎性感染，主要包括心内膜炎，皮肤炎，骨骼感染及骨髓炎，创伤感染，脓胸，皮肤软组织感染（坏疽性深脓疱疹、蜂窝织炎、皮下脓肿、疱疹、红斑等），眼部感染（结膜炎、泪囊炎、眼睑坏死、内眼炎、角膜炎、全眼球炎等），耳鼻咽喉部感染（外耳道炎、中耳炎、乳突炎等）以及新生儿的脐部感染等。在一定的条件下，还可以引起肠炎的发生。

8.2.2　宠物的绿脓杆菌病

犬发生的绿脓杆菌病，主要是表现在眼部感染，也可引起慢性不孕症等全身感染。

8.2.3　其他动物的绿脓杆菌病

除上面记述犬外的其他动物，多种养殖的哺乳类动物（牛、马、羊、猪、家兔等及实验动物小鼠、大鼠、豚鼠等）和禽类（主要是鸡）及野生动物，均可被感染发病。所致疾病主要包括败血症、肺炎、肝等内脏器官脓肿、乳腺炎及生殖器官感染等多种类型。

8.3　传播途径

绿脓杆菌分布广泛，传播途径多，但主要为接触传染和空气传播。特别是医院内由于器械的污染以及流动人员的带菌，常会引起医院内各种继发感染。人、动物肠道是绿脓杆菌繁殖的场所，为环境的主要污染源之一，临床创伤感染的绿脓杆菌也主要是来自于肠道。绿脓杆菌在人的眼部感染常由擦眼或外伤等引起，感染部位发生溃疡，并可很快发展为全眼球炎。近些年来，禽、蛋、奶的绿脓杆菌污染已成为公共卫生上存在的一大难题。

8.4　防治原则

　　无论是对人的还是动物的绿脓杆菌病，控制传播的最好方法都是提供良好的卫生措施和环境条件。对患者应及时隔离治疗，以防止交叉感染及绿脓杆菌的传播。接触或玩耍宠物犬时，要特别注意防止被抓伤，这在幼儿防护尤为重要。治疗绿脓杆菌感染病，敏感抗菌类药物的使用是必需的，但由于绿脓杆菌的广谱耐药性，因此要合理、谨慎使用；同时对绿脓杆菌引发的不同病症，要根据感染情况采取相应的治疗措施。

　　在有效防止宠物绿脓杆菌感染与传播方面，尤其需要做到的是从改善饲养管理条件、加强卫生措施着手，对饲槽、笼具等要定期消毒处理，要特别注意饲料、饮水的清洁卫生。一旦发病要及时隔离治疗，饲养用具全面消毒处理。对宠物的绿脓杆菌感染病，目前主要依赖于使用敏感抗菌类药物治疗。

9　嗜水气单胞菌感染病

嗜水气单胞菌（*Aeromonas hydrophila*）能够在一定的条件下，引起人及多种动物发生细菌（bacteria）感染病（infectious diseases）。

嗜水气单胞菌对人的感染发病主要临床表现为急性胃肠炎，目前，已被公认为是肠道致病菌的一个新成员，纳入了腹泻病原菌的常规检测范围，也是食品卫生检验的对象及医院内感染菌。另外，也是食源性病原菌（foodborne pathogen），能引起食源性疾病（foodborne diseases）。近些年来我国陆续有由嗜水气单胞菌引起的食物中毒（food poisoning）事件发生，且地域分布比较广泛。宠物的嗜水气单胞菌感染病，主要发生于观赏鱼类。

9.1　病原特征

嗜水气单胞菌为革兰氏阴性（红色）的短杆菌，大小在 $(0.3 \sim 0.6)$ μm × $(1.0 \sim 2.0)$ μm（附图8、图6）。最早由圣阿雷利（Sanarelli）在1891年从受感染的青蛙中分离到，并确认此菌能使青蛙发生红腿病（red leg disease）。人源嗜水气单胞菌，是由迈尔斯（Miles）等在1937年从一名结肠炎患者的大便标本中首先分离获得的。自 1961 年以来，由嗜水气单胞菌引起的急性胃肠炎在美国、印度、捷克、丹麦、法国、北美、澳大利亚、泰国、埃塞俄比亚等许多国家和地区的散发性病例中发现；迄今，各种类型的感染几乎在世界各国均有不同程度发生的报告。

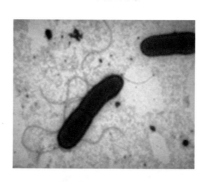

图 6　嗜水气单胞菌超微形态（丝状物为鞭毛）

在我国，人的嗜水气单胞菌感染，最早的报告是在 1976 年从胆囊炎合并胆石症患者胆汁中，分离到嗜水气单胞菌。作为食物中毒病原菌的检出，早期是在 1984 年，近些年来已陆续有在全国多个省（地）发生的报告。

嗜水气单胞菌广泛分布于淡水环境，包括池、塘、溪、涧、江、河、湖泊和临海河口，在水中的沉积物、污水及土壤中也均有存在。此菌宿主范围也十分广泛，常可从多种鱼类和节肢动物的中华绒螯蟹及对虾、两栖动物的蛙、爬行动物的鳄鱼及鳖、软体动物的蜗牛等中检出；在陆生动物，已有从貂、兔、貉、猪、牛及鸟类等检出此菌的报告；在人体内，也可分离到。

嗜水气单胞菌对常用抗菌药物的敏感性，通常表现对氨曲南、奈替米星、头孢呋辛、氧哌嗪青霉素、头孢噻肟、氟嗪酸、链霉素、妥布霉素、卡那霉素、庆大霉素、丁胺卡那霉素、新霉素、四环素、强力霉素、头孢曲松、头孢他啶、氯霉素、氟哌酸、环丙沙星等具有不同程度的敏感性，对青霉素、氨苄青霉素、羧苄青霉素、苯唑青霉素、万古霉素、先锋霉素、头孢拉啶、氯洁霉素、吡哌酸、奈啶酸等具有不同程度的耐药性。

9.2 感染类型

根据嗜水气单胞菌的致病作用特点，可将其在人及陆生动物的感染大致分为引起胃肠道感染（包括人的食物中毒）、胃肠道外感染两类。在鱼类，主要是引起败血症感染。

9.2.1 人的嗜水气单胞菌感染病

尽管嗜水气单胞菌在人的感染类型较多，但主要表现对胃肠道的致病作用，临床最为常见的是急性胃肠炎（含食物中毒及饮用污染水），且一般常是呈暴发甚至流行性的。由嗜水气单胞菌引发的食物中毒，临床表现一般为腹痛、水样腹泻、恶心、呕吐，个别病例有低热、畏寒症状。

由嗜水气单胞菌引起的外伤感染仅次于胃肠炎，几乎均发生于在近期接触过水的伤口（如游泳、钓鱼、捕捞、溜冰等），四肢为常发部位。轻者只发生皮肤感染，重症可发生蜂窝织炎、溃疡甚至坏死；病原菌侵入体内，可造成深部组织感染。败血症感染常是在患者有严重慢性疾病的情况下，嗜水气单胞菌由伤口或肠道侵入血流所致，还可并发感染性心内膜炎、坏死性肌炎、内眼病变、局灶性化脓感染及多发性脓肿等。

其他感染类型中包括手术后感染、尿道感染（urinary tract infection，UTI）、褥疮感染、胆囊炎、腹膜炎、肺炎、脑膜炎、扁桃体炎、软组织感染、坏死性肌炎、骨髓炎、中耳炎及眼炎等。这些感染类型可为社会获得性感染，也可为医院内感染，患者多有基础疾病。

9.2.2　宠物的嗜水气单胞菌感染病

一些观赏鱼类，很容易被嗜水气单胞菌感染。嗜水气单胞菌在鱼类的致病最为普遍和常见，可引起鲢鱼、鳙鱼、团头鲂、鳊、鲮鱼、鳗鱼、银鲫、异育银鲫、穗鱼、黄尾密鲷、吻鲷、鲤、金鱼、香鱼、黄鳝、泥鳅、草鱼等多种淡水养殖鱼类发生相应的细菌性败血症或局部感染（草鱼肠炎、鲢鱼打印病等）。其他水产养殖动物，如虾、鳖、蟹、贝类等也均可被感染发病。此外，嗜水气单胞菌也是两栖动物蛙类的重要病原菌。

9.2.3　其他动物的嗜水气单胞菌感染病

除鱼类外，嗜水气单胞菌还可引起多种动物感染发病，包括猪、鸡、长颈鹿、水貂、貉、狐、家兔、大熊猫、鸭、企鹅、黑鹳、噪鹛以及多种冷血动物。常见的感染类型主要表现为腹泻，其次是败血症感染。

9.3　传播途径

冷血动物为嗜水气单胞菌的主要宿主，也是人的嗜水气单胞菌感染的主要来源。污染的水源性传播、污染的食源性传播，是人的嗜水气单胞菌感染的主要传染源和传播途径。

在饮用被污染的水或发生食物中毒时，还常可出现胃肠炎的暴发流行。无论在人还是陆生动物，与鱼类密切接触、与不洁水接触或食用海产品（尤其是生食牡蛎及蛤）、伤口接触被污染的水等则容易发生感染，被鱼咬伤或被鱼骨刺伤则更易被感染。

9.4　防治原则

根据嗜水气单胞菌在自然界的分布特点，以及其主要的传染源和传播途径，保持环境、饮用水及食品（尤其是水产品）、所用物品的清洁卫生，是防止嗜水气单胞菌感染与传播的一项重要措施。对粪便、垃圾、污水等要进行无害化处理，同时注意平时的饮食卫生和养成良好的卫生习惯，尤其注意避免接触及饮用有污染的水、避免伤口被水污染。对养殖观赏鱼类的器具要定期清洗和消毒处理，发现病（死）鱼要及时处理和换水及消毒处理鱼缸，特别注意不要在操作过程中受到感染，尤其是要保护好手臂可能存在的伤口裂隙。

无论对人还是动物的嗜水气单胞菌感染，使用抗菌类药物的治疗一般是不可缺少的。人的急性胃肠炎类型常表现为自限性的，一般较少使用抗生素；补液治疗常是需要的，以纠正脱水及电解质与酸碱失衡。观赏鱼类发生感染后，通常不倡导用药治疗，因感染发病后存活下来的鱼也常常会在体表留下病变，失去观赏价值。

10　布鲁氏菌病

　　布鲁氏菌病（brucellosis）简称布病，是由布鲁氏菌（Brucella）引起的人及（或）多种动物的细菌（bacteria）感染病（infectious diseases）。

　　布鲁氏菌病的临床特征，主要表现为长期发热、多汗、全身乏力、关节痛、睾丸炎、肝脏和脾脏肿大等。宠物的布鲁氏菌病，主要是发生于犬。

10.1　病原特征

　　布鲁氏菌为两端钝圆的革兰氏阴性（红色）短杆菌，通常大小在（0.4～0.8）μm×（0.4～1.5）μm（附图9，源自 http：//image. haosou. com）。

　　早在1814年，伯内特（Burnet）首先描述了发生在地中海地区的一种表现波浪热（undulant fever）的疾病。1860年，英国医师马斯顿（Marston）对此病作了比较系统的描述，并根据临床特点和病变特征，将此病作为一种独立的传染病提了出来，称为"地中海弛张热"。以后，英国军队进驻地中海的马耳他（Malta）岛，在其驻军中发生了一种不明原因的发热性疾病，并很快在军队中传播开来，造成了不少士兵死亡，当时称其为"Malta fever"（马耳他热）、"地中海热"或"山羊热"等。在1886年，作为军医随英军驻马耳他岛的英国医学家布鲁斯（Sir David Bruce）爵士，在马耳他岛首先从病死于"马耳他热"的士兵脾脏中发现有大量细菌；相继在1887年，布鲁斯又对死亡士兵的脾脏进行了细菌培养，分离到了一种细菌，并经实验证明在士兵中传播的这种不明热疾病是由此细菌引起的，这种细菌即在后来被分类命名的马耳他布鲁氏菌（*Brucella melitensis*）。

在其他布鲁氏菌的研究方面，1890年丹麦学者邦（B. Bang）等发现在欧洲早已记载过牛的传染性流产，并在1897年从流产母牛的羊水中分离到了相应病原菌，称为流产布鲁氏菌（*Brucella abortus*）。1905年，马耳他学者察米特（Themistocles Zammit）在羊奶里再次分离到了流产布鲁氏菌，并从此发现流产布鲁菌是人兽共染的病原菌。1914年，美国学者特劳姆（Traum）从猪流产胎儿分离到猪布鲁氏菌（*Brucella suis*）。南非学者贝文（Bevan）在1921年、基弗（Keefer）在1924年，分别从病人身上分离到了流产布鲁氏菌和猪布鲁氏菌，从而在流行病学上首次证实了病牛和病猪是人布鲁氏菌病的另两种传染源。1953年，新西兰学者巴德尔（Buddle）发现了羊布鲁氏菌（*Brucella ovis*）。1956年，美国学者斯托尼尔（Stoenner）和拉克曼（Lackman）在美国西部沙漠森林野鼠中分离到森林鼠布鲁氏菌（*Brucella neotomae*）。1966年，美国学者卡迈克尔（Carmichael）从猎犬中首次分离到犬布鲁氏菌（*Brucella canis*）。

布鲁氏菌广泛分布于自然界，在外界环境中的生活力较强。在水和土壤中能生存数周至数月，在冰库中可存活半年以上，在粪便中能够存活4个月。耐寒、不耐热，经60℃加热 12 ~ 20min 或日光下曝晒 10 ~ 20min 即可被杀死。对常用的化学消毒剂，通常都比较敏感。还广泛存在于猪、牛、羊等的消化道、内脏和生殖器中，肉类、乳类、蛋类及其制品很容易受到污染。在牛奶中可存活 2d 至 18 个月，乳酪中存活 3 ~ 12 周，冻肉中能够存活 2 ~ 7 周，在病畜的分泌物、排泄物及脏器中可存活 4 个月，在动物皮毛上可存活 1 ~ 4 个月。

在一般的情况下，布鲁氏菌对临床常用的头孢唑啉、头孢拉啶、头孢噻肟、头孢曲松、头孢他啶、头孢哌酮、头孢吡肟、阿奇霉素、链霉素、卡那霉素、庆大霉素、妥布霉素、丁胺卡那霉素、新霉素、大观霉素、诺氟沙星、氧氟沙星、环丙沙星、恩诺沙星等药物具有不同程度的敏感性。对青霉素、四环素、多西霉素、氯霉素、克林霉素、万古霉素、新生霉素等具有不同程度的耐药性。

10.2　感染类型

布鲁氏菌病的临床表现虽有多种类型，但主要可以分为局部感染和全身感染两种。人主要表现为全身感染的波浪热型，同时出现各种的变态反应性局部病变。动物多数表现为局部子宫内膜炎和睾丸炎，母畜可发生流产。

10.2.1　人的布鲁菌病

人感染马耳他布鲁氏菌后通常表现为急性症状，感染其他布鲁氏菌后则常常是表现为亚急性和慢性经过。感染后表现乏力，全身软弱，食欲不振，失眠，咳嗽，有白色痰，可听到肺部干鸣，发热多呈波浪热型，也有稽留热、不规则热或不发热的，盗汗或大汗，一个或多个关节发生无红、肿、热的疼痛，肌肉酸痛。由于关节和肌肉疼痛难忍，即使不发烧也不能劳动，成为能吃不能干活的"懒汉"，所以该病又被称作"懒汉病"。男性患者，常常因睾丸炎或附睾炎出现睾丸疼痛及小腹痛。女性患者可出现乳房肿痛、腰痛、小腹痛、月经不调、闭经或流血过多，白带过多、性欲减退，孕妇可发生流产。

10.2.2　宠物的布鲁氏菌病

犬的布鲁氏菌病主要病原体是犬布鲁氏菌，被犬布鲁氏菌感染的犬可以引起妊娠 40～50d 母犬发生流产，产死胎和出现不育症，淋巴结肿大。公犬常发生睾丸炎、附睾炎、前列腺炎和菌血症。也可表现出视力缺陷，肌肉、关节或皮肤受损等非繁殖障碍的症状。散养犬的布鲁氏菌病主要是由流产布鲁氏菌、猪布鲁氏菌和马耳他布鲁氏菌感染引起，但多为隐性感染，常是呈散发性，少数出现发热性全身症状，也有的会发生流产、睾丸炎和附睾炎等。

10.2.3　其他动物的布鲁菌病

除上面记述犬外的其他动物，主要是牛、羊、猪等家畜，在临床表现与病理变化方面存在多种类型且比较复杂。家畜感染布鲁氏菌后，多是症状表现轻微，有的几乎不显任何症状，个别只表现关节炎，公畜多发生睾丸炎，母畜多发生流产。

10.3　传播途径

布鲁氏菌病的传染源包括患者及带菌者、保菌宿主、患病及带菌动物。在我国，传染源中最重要的是绵羊、山羊，其次是牛，再次是猪。我国鹿的布鲁氏菌感染率也较高，也会导致人的感染发病。在一般情况下，各种家禽及鸟类虽可感染布鲁氏菌，但多是呈一过性感染，作为传染源的意义不大。

布鲁氏菌可经呼吸、消化、生殖系统黏膜及损伤甚至未损伤的皮肤等多种途径，通过接触或食入感染动物的分泌物、体液、尸体等发生侵入感染。人的感染途径与职业、生活方式和饮食习惯等有关。染疫动物首先在同种动物间传播，造成带菌或发病，随后波及人。患病动物的分泌物、排泄物、流产物及乳类等均含有大量布鲁氏菌，可造成布鲁氏菌的传播。

10.4 防治原则

要特别注意防止病人及患病动物污染环境，一旦发现要彻底消毒。同时要加强食品卫生管理，对病畜、污染食品要消毒处理。在防止传播方面，要做到对宠物养殖环境、圈舍、饲槽、笼具等的定期消毒处理。人用布鲁氏菌病疫苗，还只在极少数国家和地区用活疫苗预防人间布鲁氏菌病。对人布鲁氏菌病的治疗原则，是早期综合治疗。在用抗菌类药物的同时采用支持疗法、对症疗法等，以提高人体抗病能力，减轻患者痛苦，促进早日康复。

对动物的布鲁氏菌病应以预防为主，加强免疫的力度。对于患病动物应尽量消灭传染源，切断传播途径，发现病畜要实施扑杀并进行无害化处理。

11　巴氏杆菌病

巴氏杆菌病（pasteurellosis）是巴斯德氏菌病的简称，通常是指由多杀巴斯德氏菌（*Pasteurella multocida*）引起的人及多种动物的细菌（bacteria）感染病（infectious diseases）。

动物的巴氏杆菌病多是具有相应的专用疾病名称，如禽霍乱（fowl cholera）、牛出血性败血病（haemorrhagic septicaemia of bovines）、猪肺疫（swine plague）等。宠物的巴氏杆菌病，主要发生于犬、猫及观赏鸟类。

11.1　病原特征

多杀巴斯德氏菌简称多杀巴氏杆菌，为大小在（0.25～0.4）μm×（0.5～2.5）μm 的革兰氏阴性（红色）短杆菌。多杀巴氏杆菌存在于发生败血症感染动物的全身各组织、体液、分泌物及排泄物中；少数非败血症感染动物，多杀巴氏杆菌存在于局部病灶内。在部分健康动物的上呼吸道和扁桃体，常常是带菌的。在国外最早是于 1913 年，对人的巴氏杆菌病病例进行了描述；又在 1930 年和 1931 年，分别有首次对在被猫和犬咬伤后引起了多杀巴氏杆菌感染的病例报告。

多杀巴氏杆菌的抵抗力较弱，在干燥空气中仅能存活2~3d，在血液、排泄物或分泌物中可生存6~10d，但在腐败尸体中可存活1~6个月，在2~4℃冰箱中可存活1年，在粪便中可存活1个月。对热比较敏感，经56℃加热15min或60℃加热10min可被杀死，阳光直射下数分钟即死亡。一般的消毒剂均有效，5%~10%生石灰、1%漂白粉、1%~2%烧碱、3%~5%石炭酸、3%来苏尔、70%酒精等水溶液，均可在10min内将其杀死。

多杀巴氏杆菌通常对临床常用的红霉素、新生霉素、庆大霉素、卡那霉素、新霉素、磺胺类、链霉素等比较敏感；多是对青霉素G、链霉素、四环素、土霉素、氯霉素等具有耐药性。

11.2 感染类型

人及动物的巴氏杆菌病，在临床表现与病理变化方面存在多种类型且比较复杂，但主要可以分为局部感染和全身感染两大类。

11.2.1 人的巴氏杆菌病

人的巴氏杆菌病，主要包括被感染的伤口处发炎、肿胀化脓等伤口感染型，以及肺炎、肺气肿、肺脓肿、鼻窦炎、扁桃体炎等呼吸道病症和一些不明原因的非伤口感染型。

伤口感染型主要由动物咬伤或抓伤引起，局部出现严重的疼痛、肿胀、发热，可能会出现化脓。深部组织感染会累及腱鞘与肌腱，偶尔侵及骨膜或关节，出现局部淋巴结肿胀，少数可引起败血症。大多数非伤口感染型病例常常是直接与呼吸道感染有关，上呼吸道的隐性感染会发展成为结膜炎、窦炎、脑膜炎和脑脓肿等显性感染。

11.2.2 宠物的巴氏杆菌病

犬及猫感染多杀巴氏杆菌后，多数呈隐性感染经过。发生最急性感染的，常常是缺乏明显症状即突然死亡。有不少会出现急性胃肠炎症状，表现食欲减退，有的出现呕吐、腹泻症状。观赏鸟类发生感染后，多是呈败血症感染类型。

11.2.3 其他动物的巴氏杆菌病

除上面记述宠物外的其他动物，多杀巴氏杆菌对多种家畜、家禽、野兽、野生水禽均有致病性。可使鸡、鸭、鹅等家禽发生禽霍乱，使猪发生猪肺疫，使牛、羊、马、兔以及许多野生动物发生出血性败血症。产毒素的多杀巴氏杆菌，可使猪及山羊发生萎缩性鼻炎。

11.3 传播途径

人的巴氏杆菌病，传染源主要是携带病菌的患者及家养宠物（狗、猫、观赏鸟类等）。多杀巴氏杆菌可在许多动物（尤其是宠物犬、猫）的鼻咽部和胃肠道繁殖，人被感染主要是通过与动物接触、尤其是被犬或猫咬伤（或抓伤）后引起。人的感染发病，还可因吸入污染的分泌物通过呼吸道引起。

畜（禽）发生巴氏杆菌病时，往往查不出传染源。一般认为是畜（禽）在发病前已经带菌，当外界环境因素发生骤变，如寒冷、闷热、气候剧变、潮湿、拥挤、圈舍通风不良、阴雨连绵、营养缺乏、饲料突变、过劳、长途运输、寄生虫病等诱因导致畜（禽）抵抗力降低时，局部存在的多杀巴氏杆菌即可乘机侵入体内，经淋巴进入血流发生内源性感染。也可由污染的饲料、饮水、用具和外界环境，经消化道感染健康动物；或由咳嗽、喷嚏排出多杀巴氏杆菌，通过飞沫经呼吸道感染；通过吸血昆虫的媒介和皮肤、黏膜的伤口，也可发生感染。

11.4 防治原则

要有效预防与控制巴氏杆菌病的发生，一个重要的方面是不断改善卫生环境条件，对饲养的宠物要加强管理，尤其是猫、犬、观赏鸟类等。预防犬、猫等带菌动物的咬伤，对预防人的感染是有用的；当发生咬伤时，伤口要进行适当的处理，如出现症状或有感染的可能性时，要使用适合的药物治疗。尽量不要与宠物有过多的亲密接触（如亲吻宠物），与宠物接触后要勤洗手。

对宠物养殖环境、圈舍、饲槽、笼具等要定期消毒处理，同时注意加强平时的饲养管理，增强宠物的抵抗力，以减少自身感染发病的机会；平时要防止健康带菌、恢复期带菌、病体带菌和其他动物带菌构成延续传染的锁链。

12 弯曲菌病

弯曲菌病 (campylobacteriosis)，通常主要指的是由空肠弯曲菌 (*Campylobacter jejuni*)、胎儿弯曲菌 (*Campylobacter fetus*) 和结肠弯曲菌 (*Campylobacter coli*) 引起的人及 (或) 多种动物的细菌 (bacteria) 感染病 (infectious diseases)。

由空肠弯曲菌引起的感染病是在临床比较多见的，在发展中国家已成为严重的肠道疾病及幼儿腹泻的重要病因。另外，也能引起多种畜 (禽) 及野生动物的感染发病。宠物的弯曲菌病，主要发生于犬、猫及猴。

12.1 病原特征

空肠弯曲菌也被称为空肠弯曲杆菌，包括空肠弯曲菌空肠亚种 (*Campylobacter jejuni* subsp. *jejuni*) 和空肠弯曲菌多氏亚种 (*Campylobacter jejuni* subsp. *doylei*)，空肠弯曲菌空肠亚种即空肠弯曲菌。

空肠弯曲菌为柔弱、弧状、螺旋状弯曲或直的革兰氏阴性 (红色) 杆菌，大小在 (0.2～0.5) μm × (1.5～2.0) μm。在 1927 年，史密斯 (Smith) 和奥克特 (Orcutt) 从家畜腹泻的粪便中分离得到形态为弧样的细菌，在当时命名为空肠弧菌（*Vibrio jejuni*），即现在的空肠弯曲菌（附图10，源自 http：//image. haosou. com）。

空肠弯曲菌广泛存在于家禽类动物的肠道中，污染水源或食物后可引起腹泻的暴发流行，是夏秋季节腹泻和旅行者腹泻的主要病因之一，尤其是在学龄前儿童的发病率较高。空肠弯曲菌在水和牛奶中存活较久，如温度为4℃可存活3～4周；在鸡粪中保持活力可达4d，在人的粪便中保持活力可达7d以上。空肠弯曲菌对热敏感，加热60℃经5min即可被灭活，对物理因素（紫外线、热力、微波等）和一些化学消毒剂（如3%来苏儿、0.1%新洁尔灭等）均敏感。

空肠弯曲菌比较容易产生耐药性，且多重耐药的比例较大。通常对环丙沙星、四环素、红霉素、萘啶酮酸、头孢哌酮、复方新诺明、头孢拉定等常用抗菌药物具有耐药性。在对病人使用氟喹诺酮、红霉素、四环素的治疗后，常可产生耐药性。

12.2　感染类型

空肠弯曲菌属于食源性疾病（foodborne diseases）的病原菌，也称食源性病原菌（foodborne pathogen）。除了能引起食物中毒（food poisoning）外，还能在一定条件下引起肠道外某些器官的局部感染和菌血症、败血症等。肠道感染常是称为弯曲菌肠炎（campylobacter enteritis），主要由空肠弯曲菌和结肠弯曲菌引起。

12.2.1　人的弯曲菌病

由空肠弯曲菌引起的弯曲菌肠炎，是一种主要的感染病形式。食物中毒事件也多有发生且常呈暴发，其食品多为肉与肉制品、牛奶等，其次为鱼、糕点以及其他被污染的食品（尤其是市售熟制品）。

在感染类型方面，空肠弯曲菌主要包括无症状带菌的隐性感染、轻度腹泻和严重腹泻的胃肠道型，也有少数经菌血症引起肠道外型的显性感染。在显性感染中，以腹泻肠道型多见。

空肠弯曲菌引起的肠道外感染，主要包括脑膜炎、胆囊炎、尿道感染（urinary tract infection，UTI）等。空肠弯曲菌引起的急性胃肠炎，也可导致心内膜炎、关节炎、败血症和血栓静脉炎等全身性疾病和格林—巴利综合征（Guillain-Barre syndrome，GBS）等免疫损伤性疾病。

12.2.2　宠物的弯曲菌病

犬、猫及猴等发生由空肠弯曲菌引起的弯曲菌病，主要表现为胃肠炎的消化道症状，临床出现腹泻。

12.2.3　其他动物的弯曲菌病

除上面记述宠物外的其他动物，空肠弯曲菌可以引起牛和绵羊的流产，火鸡的肝炎和蓝冠病，童子鸡和雏驼鸟的坏死性肝炎，犊牛、狐狸、仔猪的腹泻等。

12.3　传播途径

自然界中有众多的禽类、家畜、鸟类、野生动物肠道内携带空肠弯曲菌，大部分是共栖菌。以家禽、家畜及群集动物的带菌率高，其中，尤以鸡、猪最高，它们与人类接触较密切，空肠弯曲菌通过其粪便排出体外污染环境、水源、牛奶以及动物性食品等成为疫源，当人与这些动物密切接触或食用被污染的食品时，空肠弯曲菌就进入人体，可引起人的弯曲菌病流行，这在公共卫生学上具有重要意义。

病人和带菌者、带菌动物，是弯曲菌病的主要传染源。空肠弯曲菌肠炎经粪—口感染，可通过食物、饮水、接触、昆虫等多种途径进行传播，以食物型比较多见。

12.4 防治原则

对人的空肠弯曲菌感染的防治原则，主要是防止动物排泄物污染水源、食物至关重要，要把住"病从口入"关。培养良好的个人卫生习惯，接触病人与宠物后要洗手。对于人空肠弯曲菌感染的治疗，一般的治疗是注意休息及食用易消化食物，对症治疗等。另外是根据空肠弯曲菌的致病作用特点，选择使用抗菌类药物是在治疗过程中必不可少的，以防止某些组织器官的感染、甚至可能会发生的菌血症及败血症等。

宠物发生空肠弯曲菌感染后，要及时治疗。同时要对饲养用具及环境及时清洗和消毒处理，特别注意保护免受自身感染。经常接触宠物的，要特别注意卫生、及时做好消毒及个人防护。

13 类鼻疽

类鼻疽（melioidosis）也称为伪鼻疽、惠特莫尔氏病（Whitmore's disease），是由类鼻疽伯克霍尔德菌（*Burkholderia pseudomallei*）引起的人及多种动物的细菌（bacteria）感染病（infectious diseases）。

类鼻疽的临床特征，表现为急性败血症感染，体征是在皮肤、肺脏、肝脏、脾脏、淋巴结等处出现结节和脓肿，有时会发生关节炎。宠物的类鼻疽，主要发生于犬和猫。

13.1 病原特征

类鼻疽伯克霍尔德菌为革兰氏阴性（红色）短杆菌，大小在 0.8μm×1.5μm。首先由惠特莫尔（Whitmore）在1911年，从缅甸仰光 38 例类似由鼻疽伯克霍尔德氏菌（*Burkholderia mallei*）引起的鼻疽（malleus）样病人中分离获得。

类鼻疽伯克霍尔德菌是一种广泛分布于环境的腐生菌，在外界环境中的抵抗力较强，在粪便中可存活 27d、尿液中 17d、腐败尸体中 8d，在水和土壤中可存活 1 年以上，在自来水中也可存活 28 ~ 44d。对干燥的抵抗力也较强，在含水量 10% 的土壤中仍可存活 70d，加热 56℃ 经 10min 可将其杀死。有多种消毒剂，均可很快将其杀灭，通常多是使用5%的氯胺 T（chloramines－T）作为常规的消毒剂。

类鼻疽伯克霍尔德菌对青霉素、头孢菌素、大环内酯类、利福霉素、氨基糖苷类、多黏菌素等多种抗生素具有耐药性，通常对强力霉素、甲氧氨苄嘧啶—磺胺类制剂、脲酰青霉素等敏感，对卡那霉素和新生霉素也较敏感。

13.2　感染类型

人的类鼻疽，临床上可有急性败血型，亚急性型、慢性型及亚临床型4种。动物类鼻疽常因动物种类存在一定的差异，病变部位不同，表现的临床感染类型也不同。

13.2.1　人的类鼻疽

人感染类鼻疽伯克霍尔德菌后，出现临床的症状多种多样，个体差异也很大。急性败血型为最严重的，可表现在肺脏、肝脏、脾脏及淋巴结出现炎症与形成脓肿的症状和体征。急性化脓性局部感染，通常是来自于创伤污染，主要呈现局部淋巴结肿大、淋巴管炎、发热等症状，并可转为急性败血症。

亚急性类鼻疽患者的肺部症状常是持久的，具有肺炎、肺脓肿的症状，偶尔也侵害胸膜，还可表现关节痛，少有发生脓疱皮炎和肝、脾肿大的。慢性类鼻疽患者常伴有多发性皮肤脓肿、肺炎、骨髓炎、前列腺炎等。

13.2.2　宠物的类鼻疽

犬发生类鼻疽会表现发热，食欲减退或消失，发生睾丸炎、附睾炎，肢体浮肿，跛行等，还常常伴有腹泻和黄疸症状。猫被感染发病后，主要表现为呕吐和腹泻等消化道症状。

13.2.3 其他动物的类鼻疽

除上面记述宠物犬和猫外的其他动物，类鼻疽伯克霍尔德菌对动物的感染谱较为广泛，包括有袋动物和海洋哺乳动物海豚等，鸟类也有感染的报告，与人有密切关系的动物包括马、牛、羊、猪等家畜。动物被感染后，多是出现呼吸系统症状及关节炎等。

13.3 传播途径

类鼻疽伯克霍尔德菌在流行区的水或土壤中是一种常居菌，不需要任何动物作为它的贮存宿主，也构成了类鼻疽的主要感染来源。直接接触含有类鼻疽伯克霍尔德菌的水或土壤，经破损的皮肤受感染，是类鼻疽传播的主要途径。吸入含有类鼻疽伯克霍尔德菌的尘土或气溶胶，经呼吸道感染也是一种重要的感染途径。

食用被类鼻疽伯克霍尔德菌污染的食物，经消化道感染是类鼻疽的另外一个有效的传播途径。此外，吸血昆虫（蚤、蚊等）叮咬亦可造成传播。人与人之间的直接接触，也可传播类鼻疽伯克霍尔德菌。

13.4 防治原则

主要是防止污染类鼻疽伯克霍尔德菌的水和土壤，经皮肤、黏膜发生感染。对患者及发病动物的排泄物和脓性渗出物，要彻底消毒处理。避免皮肤破损，接触污染的水和土壤后要彻底清洗消毒。

对患者或发病动物局部的脓肿，进行切除和引流是最基本的外科处理方法。对急性败血症类型的治疗比较困难，主要的原因是类鼻疽伯克霍尔德菌对常用的多种抗菌类药物均有不同程度的抗药性，需注意选择敏感性强的抗菌类药物应用。

14　土拉杆菌病

　　土拉杆菌病（tularemia）是土拉热弗朗西斯氏菌病的简称，又称为野兔热（wild hare diseases）、兔热病（rabbit fever）和弗朗西斯氏病（Francis's disease）。是由土拉热弗朗西斯氏菌（*Francisella tularensis*）引起的人及多种动物的细菌（bacteria）感染病（infectious diseases）。

　　土拉杆菌病是一种自然疫源性传染病，大多是因为接触野兔或其他带菌动物被感染后发病。主要特征是发热，淋巴结肿大，皮肤溃疡，眼结膜充血溃疡，呼吸道和消化道炎症及毒血症等。宠物的土拉杆菌病，主要发生于猫和犬。

14.1　病原特征

　　土拉热弗朗西斯氏菌简称土拉杆菌，是一种具有多形态的革兰氏阴性（红色）小杆菌，通常大小在 0.2μm ×（0.2～0.7）μm。由迈科伊（McCoy）和蔡平（chapin）在 1910 年，在加利福尼亚州土拉县（Tulare county）研究地黄鼠（*Citellus beecheyi*）疾病时首次发现的。相继在 1912 年，迈科伊和蔡平（Chapin）分离到这种病原细菌，当时根据发现地（土拉县）将其命名为土拉杆菌（*Bacterium tularense*）。

惠里（Wherry）和兰姆（Lamb）在1914年，首先证实了在俄亥俄州肉类屠宰工作人员由这种细菌引起的溃疡性结膜炎和淋巴结炎的首例患者，并分离到这种病原细菌。弗朗西斯（Francis）分别在1919年和1920年，对这种病原细菌、以及由其引起的人及动物相应感染病进行了研究，并建议命名为土拉杆菌病。

土拉杆菌在自然界中的生存能力较强，在土壤、淤泥、水及动物尸体中可存活数月之久。在常规自来水中可存活92d，在污染的水中可存活75d，在潮湿土壤中能存活2~3个月。对低温有很强的耐受力，冻干可保存数年。在动物尸体内温度低于0℃可保存7~9个月，在冷冻的牛奶中能生存3个月，4℃时在5个月以上毒力不降低，这一点在流行病学上具有重要意义。在动物尸体中于室温条件下可生存40d，在野兔肉内可生存93d，在禽类脏器中可生存26~40d，在蚊子体内可生存23~50d。对干燥的抵抗力强，在室温下于病兽毛中能生存35~45d，在织物上能生存72d，在谷物上能生存23d。对热与化学药物敏感，经60~65℃加热10min可被杀死，阳光照射20~30min死亡，紫外线可立即将其杀死。常用的消毒剂（2%~3%来苏尔、3%~5%石炭酸、1:1 000的升汞作用2~3min及5%氯胺作用5min、0.1%甲醛作用24h）均可将其杀死。

土拉杆菌通常对链霉素、金霉素、四环素、庆大霉素、卡那霉素、氯霉素等常用抗菌类药物敏感，对青霉素、头孢霉素、多黏菌素、磺胺类药物具有一定的耐药性。

14.2　感染类型

土拉杆菌可引起人及多种哺乳类动物发病，可引起人的局部感染和全身感染，在动物主要是发生全身感染以致败血症死亡。

14.2.1　人的土拉杆菌病

人的土拉杆菌病，多数患者表现肝脏和脾脏肿大、疼痛，多数有局部症状。根据感染方式和局部病变，可分为以下几种临床类型：①比较常见的是溃疡腺肿型及单纯腺肿型，主要特征是皮肤溃疡和痛性淋巴结肿大。②眼腺型及咽腺型是在少数情况下，土拉杆菌由结膜侵入，致使结膜迅速高度充血、眼睑严重水肿、结膜甚至角膜出现带有黄色脓液的坏死性小溃疡。③肺型多由呼吸道吸入感染或继发于远离部位的血源传播，吸入含土拉杆菌气溶胶后通常发生具有咽炎、支气管炎、胸膜肺炎和肺门淋巴结炎等一种或多种症状和体征的急性疾病，并常常伴有全身性疾病的各种临床表现。④胃肠型是由污染土拉杆菌的食物和水经口感染引起，临床表现消化道症状，肠系膜淋巴结常有肿大、并具压痛。⑤伤寒型或中毒型可由各种途径感染引起，一般无局部病灶或淋巴结明显肿大。腹泻是此型较重要的临床表现，肝脏、脾脏多出现肿大，偶有皮疹。

14.2.2　宠物的土拉杆菌病

猫的土拉杆菌病，自然发病常与摄食野兔有关，常有死亡。表现体温升高，明显的精神沉郁，厌食，下颌、浅表颈部和腘淋巴结肿大，口腔、舌或咽部溃疡，会阴有粪便污染，肝脏肿大。犬发病后主要表现发热、精神委顿、呼吸困难，个别会出现体表淋巴结肿大。

14.2.3 其他动物的土拉杆菌病

除上面记述宠物猫和犬外的其他动物，主要包括兔、羊、牛、猪、马属动物等。发生土拉杆菌病后，在不同的动物以及不同的个体，其临床症状差异较大，常常是以发热、衰弱、麻痹、淋巴结肿大为主，有的伴有呼吸道和消化道症状。妊娠母羊常会发生流产、死胎或难产，妊娠母牛、马也常发生流产。

14.3 传播途径

土拉杆菌病的主要传染源是野兔和其他啮齿类动物，野兔群是最大的保菌宿主。它们既是家畜和人的传染源，又是传播媒介。在一定的地理条件下，土拉杆菌、宿主和传播媒介可形成一个复杂的共生群落，并常年固着在某一地区，构成自然疫源地。

人和动物主要是通过接触发病动物或其排泄物、尸体、污染的水和食物，经消化道感染；因吸入染菌的气溶胶或尘埃被感染，或经眼结膜感染；还可被带菌吸血昆虫叮咬后，经血流感染；以及被带菌的野生或家养食肉动物咬伤或抓伤，经皮肤感染。经消化道途径感染，通常是食入污染食物或饮用污染水被感染。经呼吸道和眼结膜途径感染，通常是因吸入染菌的气溶胶或尘埃所致。

14.4 防治原则

针对疫源地和传染源，要特别注意减少啮齿类动物和媒介节肢动物的孳生繁殖。同时要加强灭鼠和杀蜱工作，以降低其密度。

在个人防护方面，要尽量减少与动物密切接触的机会。平时注意消灭环境中的吸血节肢动物昆虫，经常性消毒，尤其需要对宠物养殖环境、圈舍、饲槽、笼具等的定期消毒处理，注意饲料、饮水的清洁卫生。尽量避免被宠物猫和犬咬伤或抓伤，这在喜欢玩耍宠物的幼儿尤为重要。对人的土拉杆菌病的治疗，通常是采用对症治疗和使用抗菌类药物治疗相结合的方法。对宠物土拉杆菌病的治疗，主要是依赖于抗菌类药物的使用。

15　葡萄球菌病

葡萄球菌病（staphylococcosis），是由葡萄球菌（*Staphylococcus*）引起的人及多种动物的细菌（bacteria）感染病（infectious diseases），其中，主要由金黄色葡萄球菌（*Staphylococcus aureus*）引起。

葡萄球菌病的特征，是以局部组织器官的化脓性感染为常见；同时，葡萄球菌也是人的食物中毒（food poisoning）的常见病原菌。宠物的葡萄球菌病，主要发生于犬和猫以及鸽等观赏鸟类。

15.1　病原特征

葡萄球菌为革兰氏阳性（紫色）球菌，直径在 0.5~1.5μm（附图 11，源自 http://image. haosou. com）。由德国细菌学家科赫（Robert Koch）于 1878 年首次在脓汁中发现，苏格兰外科医生奥格斯顿（Sir Alexander Ogston）爵士于1881 年确证化脓过程是由此菌所致。

葡萄球菌广泛分布于自然界，在空气、水、土壤等外环境中均有存在。在人和动物的皮肤、黏膜、毛囊、腺体、鼻腔、消化道等部位均寄居有葡萄球菌。葡萄球菌对理化因子的抵抗力较强，在干燥的脓汁和血液中可存活 2～3 个月，在干燥 200d 的痰中仍有存活。对热的抵抗力也很强，将其菌悬液加热到 70℃ 可生存 1h，80℃ 可生存 30min。5% 石炭酸或 0.1% 升汞水溶液经 10～15min 才可将其杀死，70% 酒精在数分钟内可将其杀死。对常用浓度的高锰酸钾和过氧化氢，以及孔雀绿、龙胆紫等色素均较敏感，浓度为 1∶100 000～1∶300 000 的龙胆紫可抑制其生长繁殖，所以临床上常是应用 1%～3% 龙胆紫溶液治疗葡萄球菌引起的化脓症。1∶200 000 洗必泰、消毒净和新洁尔灭及 1∶100 000 度米芬，可在 5min 内将其杀死。耐盐性较强，在含 10%～15% 氯化钠培养基中仍能生长。

葡萄球菌对青霉素类、四环素类、氨基糖苷类和磺胺类药物通常具有敏感性，但葡萄球菌是耐药性最强的病原菌之一，极易发生耐药性和多重耐药性。

15.2　感染类型

无论是人的还是动物的葡萄球菌病，在临床表现与病理变化方面均存在多种类型且比较复杂，但主要表现为局部和全身感染，分为化脓性和毒素性两类。

15.2.1　人的葡萄球菌病

葡萄球菌在人的局部感染，主要是在机体抵抗力减弱时常致化脓性炎症病变，如疖、痈、毛囊炎、脓疱疮、蜂窝组织炎、化脓性结膜炎、外耳炎、葡萄球菌烫伤样皮肤综合征（staphylococcal scalded skin syndrome，SSSS）、尿道感染（urinary tract infection，UTI），以及外伤、烧伤时的创面感染等。

当葡萄球菌通过血源感染时也可发生内部器官的化脓性感染，因此可以发生脓毒症、败血症等。此外，也可发生呼吸道感染（脓胸及肺炎）、心内膜炎、心包炎，以及肝脓肿、脾脓肿、乳腺炎、乳房脓肿或产褥期败血症、骨髓炎和脑膜炎等，病死率较高。另外是葡萄球菌在食物中繁殖可产生肠毒素（enterotoxin），人摄入后可引起食物中毒。

15.2.2 宠物的葡萄球菌病

犬、猫被感染后，可发生化脓性皮炎、耳炎，以及呼吸道、关节、伤口、结膜、眼睑等部位的感染。有时也可引起犬的尿道感染、骨髓炎、化脓性肾炎等。鸽等观赏鸟类被感染，可发生关节炎及败血症，也可出现腹泻。

15.2.3 其他动物的葡萄球菌病

除上面记述宠物外的其他动物，葡萄球菌能引起牛、马、羊、猪、兔、禽类等多种动物感染发病，以鸡和兔的葡萄球菌病较多见。鸡、火鸡、鸭、鹅等禽类，主要表现为急性败血症、关节炎和脐炎等类型。在家兔主要包括仔兔脓毒血症、转移性脓毒血症、鼻炎、乳房炎、仔兔肠炎等。在牛和羊，以乳房炎多发。在马主要经创伤感染，以局灶性溃疡和化脓为特征。

15.3 传播途径

人、家畜、野生动物的鼻腔和咽喉经常携带葡萄球菌，动物的皮肤、肠道以及羽毛的带菌亦较普遍，有些葡萄球菌感染患者和病畜（禽）常可向外排菌，带菌者和患者以及病畜（禽）为主要传染源。

葡萄球菌不仅可经损伤的皮肤和黏膜感染，也可通过呼吸道和消化道感染。皮肤感染患者的敷料、衣被、使用器材等均可被金黄色葡萄球菌污染，当整理病人的床铺和更换敷料、或动物垫料时均可造成细菌飞扬，污染周围空气和尘埃以及工作人员的手、鼻、咽、眼等暴露部位，是传播金黄色葡萄球菌病的重要途径。

葡萄球菌也可经汗腺、毛囊进入机体组织，引起毛囊炎、疖、痈、蜂窝织炎、脓肿以及坏死性皮炎等。经消化道感染，可引起人的食物中毒和胃肠炎。经呼吸道感染，可引起气管炎、肺炎。在动物感染的传播方式，常是动物与动物的直接接触，或因鼻分泌物污染自身的皮肤发生自身感染。

15.4　防治原则

为控制葡萄球菌病的发生，首先要减少敏感宿主对具有毒力和耐抗生素菌株的接触，受威胁较大的宿主，包括育婴室中的母亲和婴儿以及其家庭接触者、外科患者、严重衰弱的病人和接受皮质类固醇与抗生素治疗的病人。还要严格控制危险的传染源，即伤口引流的病人、散布性带菌者、被葡萄球菌污染的物品和医院中的带菌者，在流行期间这些带菌者极易将葡萄球菌传播至无病的地区。其次是要注意无菌操作和消毒，如检查患者前后彻底洗手和消毒共用的器械等措施，对于预防金黄色葡萄球菌感染至关重要。对手术伤、外伤、脐带、擦伤等按常规操作，被葡萄球菌污染的手和物品要彻底消毒，呈流行性发生时，对周围环境也应采取消毒措施。由于葡萄球菌常常会存在于宠物的皮肤、被毛、呼吸道等处，所以在直接接触宠物（尤其是幼儿玩耍宠物）时要特别注意自身保护，尤其注意保护皮肤、黏膜不要被抓（划）伤。

在动物葡萄球菌病的有效预防与控制方面，第一是应加强饲养管理，防止因环境因素的影响导致抗病力降低；第二是圈舍、笼具和运动场地应经常打扫，保持清洁、卫生、干燥，并注意消毒，以清除传染源；第三是防止动物发生创伤，清除饲养场地内一切锋利尖锐的物品，防止划破皮肤。如发现皮肤有损伤，应及时给予处置，防止感染。

无论在人还是在动物的葡萄球菌病，使用敏感抗菌类药物的治疗一般是不可缺少的；同时，还需根据实际情况采取对脓肿引流、全身支持疗法等综合措施。发生表浅感染的，在自行穿破或切开排脓后可很快痊愈，一般无需使用抗菌类药物。皮下深部脓肿形成时则须切开引流，肺脓肿可采取体位引流。对食物中毒的患者，严重病例可用抗生素治疗，并应采取补液和防休克疗法。

16 炭疽

炭疽（anthrax），是由炭疽芽孢杆菌（*Bacillus anthracis*）引起的人及多种动物的细菌（bacteria）感染病（infectious diseases）。

炭疽是一种急性传染病，人主要由误食了炭疽病畜肉类或接触炭疽杆菌芽孢污染的皮毛被感染，由于炭疽芽孢杆菌侵入途径的不同表现为皮肤型炭疽、肠型炭疽和肺型炭疽，常并发败血症，可因毒素作用引起死亡。家畜主要是因采食了污染的草料、饮用污染的水被感染，常发生于羊、牛、马等草食动物，常出现败血症死亡，死亡后常有天然孔出血，尸僵不全。宠物的炭疽，主要发生于犬和猫。

16.1 病原特征

炭疽芽孢杆菌简称炭疽杆菌，为大小在（1.0~1.2）μm×（3.0~5.0）μm 的革兰氏阳性（紫色）的大杆菌（是在病原细菌中最大的），能形成芽孢（spore）。由德国细菌学家科赫（Robert Koch）于 1873 年开始科学研究牛及羊的炭疽、1876 年宣布炭疽芽孢杆菌为炭疽的病原菌，这也是人类首次通过严密实验确证的病原菌（附图 12、附图 13，源自 http：//image. haosou. com）。

炭疽杆菌的繁殖体，在56℃作用2h或75℃作用1min即可被杀灭。常用浓度的消毒剂，也能迅速将其杀灭。炭疽杆菌的芽孢具有极强抵抗力，在自然条件或在腌渍的肉中能长期生存。在皮毛上能存活数年，经直接日光曝晒100h、煮沸40min、140℃加热3h、110℃高压蒸汽60min、浸泡于10%福尔马林液中15min、5%石炭酸溶液和20%漂白粉溶液经数日以上，才能将芽孢杀灭。

炭疽杆菌通常对青霉素、庆大霉素、红霉素、环丙沙星、强力霉素、氧氟沙星、四环素、克林霉素、利福平、万古霉素、磺胺类、氯霉素等抗菌类药物，均具有一定的敏感性。

16.2 感染类型

人炭疽以感染途径不同，主要可分为皮肤型、肠型和肺型3种。牛、羊的感染类型，可分为最急性型、急性型、亚急性型及慢性型4类。

16.2.1 人的炭疽

人的皮肤炭疽，在临床上可分为炭疽痈和恶性水肿两型。炭疽痈多见于面、颈、肩、手和脚等裸露部位皮肤，初为丘疹或斑疹，相继出现水疱、出血性坏死、坏死破裂成浅小溃疡、血样分泌物结成黑色似炭块的干痂、痂下有肉芽组织形成为炭疽痈。

肠炭疽的临床症状不一，可表现为急性胃肠炎型和急腹症型。前者可出现严重呕吐、腹痛、水样腹泻，多于数日内即可康复；后者起病急骤，有严重毒血症表现、持续性呕吐、腹泻、血水样便、腹胀、腹痛等，腹部有压痛或呈腹膜炎征象。

肺炭疽大多为原发性，由吸入炭疽杆菌芽孢所致，也可继发于皮肤炭疽。起病多急骤，临床表现为寒战、高热、气急、呼吸困难、喘鸣、紫绀、血样痰、胸痛等，有时在颈部、胸部出现皮下水肿。患者病情大多危重，常并发败血症和感染性休克，偶也可继发脑膜炎。

另外还有咽喉型炭疽，症状为鼻翻，牙龈出血，口腔咽部极度充血并有非化脓性的溃疡，眼结膜出血，双耳出血，咯血痰及极度贫血，全身症状严重、体温不高、死亡率高。

16.2.2　宠物的炭疽

犬和猫等食肉动物通常具有较强的抵抗力，但在吞食炭疽病死动物后可发生炭疽。常为亚急性型或慢性型。多表现为肠炭疽及咽炎，伴有喉部、耳下部及附件淋巴结肿胀，吞咽困难，在犬还常可见面颊部或足部发生炭疽痈。

16.2.3　其他动物的炭疽

除上面记述宠物犬和猫外的其他动物，常以草食动物（羊、牛、马属动物等）最敏感，通常是食入了被污染的水、草后被感染。

最急性型的常见于绵羊和山羊，偶见于牛、马。表现发病急、死亡快，口鼻流出混血的泡沫，肛门和阴户流出暗红色血液。急性型的常见于牛、马，表现体温升高，兴奋不安、惊慌吼叫、乱冲乱撞，逐渐转为沉郁。亚急性型的常见于牛、马，症状与急性型的基本相似，可在颈部、胸前、腹下、乳房或肩胛等体表部位以及直肠或口腔黏膜等处发生炭疽痈。慢性型的主要发生于猪,表现为咽部炭疽或肠炭疽。

16.3 传播途径

患炭疽病的牛、马、羊、骆驼等食草动物,是人类炭疽的主要传染源。牛、马、羊、骆驼等食草动物以及猪可因吞食染菌青饲料,犬、狼等食肉动物可因吞食病畜肉类被感染,成为传染源。这些患病动物的血液、分泌物、排泄物等,可使动物直接或间接感染。

人感染炭疽,主要有 3 种传播途径。其一是经消化道感染,即食用被污染的肉食后,会发生肠型炭疽。另外是经皮肤、黏膜感染,会引起皮肤性炭疽。再者是经呼吸道感染,是因吸入飘浮在空气中的炭疽杆菌芽孢被感染,可发生肺炭疽。

动物感染炭疽,包括消化道、呼吸道、皮肤接触及昆虫(虻、螫蝇等)叮咬等多种途径感染,其中以消化道感染为主。

16.4 防治原则

防控炭疽的措施主要是加强对传染源的管理,切断其传播途径以及保护易感者等。要切断传播途径,则是在必要时要封锁疫区。对病人的衣服、用具、废敷料、分泌物、排泄物等,进行消毒灭菌处理。平时应养成良好的卫生习惯,防止皮肤受伤。

对于人的炭疽,可采取对症治疗、局部治疗、病原治疗相结合的方法。对病人应严格隔离，对其分泌物和排泄物按细菌芽孢的消毒方法进行消毒处理。局部治疗时对皮肤局部病灶切忌挤压，也不宜切开引流，以防感染扩散。针对炭疽芽孢杆菌，要采用敏感性强的抗菌类药物进行治疗。

动物患炭疽不允许治疗，一律予以扑杀并进行无害化处理。

17　结核病

结核病（tuberculosis）也常简称为结核，是由结核分枝杆菌（*Mycobacterium tuberculosis*）、牛分枝杆菌（*Mycobacterium bovis*）、鸟分枝杆菌（*Mycobacterium avium*）等引起的人及（或）多种动物的细菌（bacteria）感染病（infectious diseases）。

结核病的特征是病人、动物被感染发病后表现逐渐消瘦，在多种组织器官形成结核结节和干酪样坏死或钙化结节病理变化。宠物的结核病，主要发生于犬、猫及猴等。

17.1　病原特征

图7　科赫

结核分枝杆菌简称结核杆菌，为大小在 $0.4\mu m \times (1.0 \sim 4.0)$ μm 的革兰氏阳性（紫色）杆菌（细长并略有弯曲），由德国细菌学家科赫（Robert Koch；图7，源自 http：//image. haosou. com）在 1882 年首先发现。

分枝杆菌（*Mycobacterium*）含有丰富的脂类，在自然环境中的生存力较强，对干燥的抵抗力很强。在干燥的痰中能存活10个月，在病变组织和尘埃中可生存2~7个月或更久，在粪便、土壤中可存活6~7个月，在水中可存活5个月，在冷藏奶油中可存活10个月。对低温的抵抗力也很强，在0℃可生存4~5个月。对热的抵抗力较差，经60℃加热30min可被杀死，在直射阳光下经数小时死亡。对常用化学消毒剂的敏感性不一，通常对4%的NaOH、3%的HCl、6%的H_2SO_4等溶液有一定耐受性（作用15min不受影响），但在70%酒精或10%漂白粉中则很快死亡。

分枝杆菌对临床常用的磺胺类药物、青霉素以及其他广谱抗生素均不敏感，但对链霉素、异烟肼、利福平、乙胺丁醇、对氨基水杨酸和环丝氨酸等敏感。长期以来由于抗结核药物的广泛应用、疗程又长，尤其是不规则的治疗，以致使结核杆菌发生变异，结核杆菌染色体或质粒遗传基因突变而获耐药性。

17.2　感染类型

结核杆菌的致病过程，是以细胞内寄生和形成局部病灶为特点。结核杆菌的首次感染（原发感染）与其以后再次受传染时机体的反应不同，在初次感染时，机体既无免疫力也无过敏性。

人及动物的结核病，尤其是人的结核病，在临床表现与病理变化方面存在多种类型且比较复杂。

17.2.1　人的结核病

人的结核病，包括肺结核、颈淋巴结结核、骨关节结核、结核性腹膜炎、肠结核、肠系膜淋巴结结核、肾结核、生殖器结核、肝结核、支气管结核、皮肤结核等。各组织器官的感染主要是由于结核杆菌随血流在全身播散形成的，因此由结核杆菌菌血症引起的结核中毒症状，通常具有表现为全身不适、乏力、倦怠、心悸、食欲不振、体重减轻、月经不调等共同特点。长期低热（一般在 38~39℃），发烧多在下午和傍晚，通常是早晨及上午体温正常，面颊潮红。病灶急剧进展或扩散时，可出现恶寒、高热（可达 39~40℃），可呈稽留热型或弛张热型。盗汗多发生在重症患者，特点是入睡后出汗，醒后汗止。

17.2.2　宠物的结核病

大多数犬、猫的结核病例是由结核病人或感染牛分枝杆菌的牛所传染，犬与犬之间的传播比较罕见，因此犬的结核病发生率与人的结核病流行率呈密切正相关。自然感染病例，可在其肺脏、肝脏和肾脏观察到结核病灶。

猴结核病主要是经呼吸道和消化道感染，且病原多为结核杆菌，亦可由牛分枝杆菌和鸟分枝杆菌引起。出现病理病变的组织主要是淋巴结、肺、肝、胸膜、腹膜、脾等。患肺结核病的猴表现咳嗽、呼吸困难。进行性病例局部淋巴结肿大，甚至体表淋巴结破溃；慢性病例表现明显消瘦，皮毛粗糙或脱毛；急性病例病情进展迅速，往往在病死前见不到明显症状。患肠结核猴经常表现出持续性或间歇性腹泻，病程后期，呈现脱水状态和皮毛蓬乱。

17.2.3　其他动物的结核病

除上面记述宠物外的其他动物，主要包括牛、猪、禽类、羊、鹿、骆驼、羚羊、狮子、狐狸、老虎、貂等。临床常见的有肺结核、乳房结核、淋巴结核、肠结核、生殖器官结核、脑结核和全身结核等。

17.3 传播途径

结核病患者及动物，尤其是通过各种途径向外排菌的开放型结核是主要传染源，其痰液、粪便、尿液、乳汁和生殖道分泌物中都可带菌，菌体排出体外污染空气、饮水、食物、饲料和环境后散播传染。

结核病主要经呼吸道、消化道使人和动物被感染. 还可通过泌尿生殖道传给胎儿。结核杆菌随咳嗽、喷嚏排出体外，存在于空气飞沫中，健康的人、动物吸入后即可被感染（附图14，源自 http：//image. haosou. com）。

食用带菌的未经消毒或消毒不彻底的乳汁或乳制品，是人感染牛型结核病的重要传播途径，因为在患病奶牛的乳汁中带有大量结核杆菌。在犬、猫等宠物热的今日，患病宠物也是构成人发病不可忽视的传染源。

17.4 防治原则

对结核病的有效防控，首先要控制传染源。结核病的传染源是患病的人和动物，尤其是患开放性结核的。控制传染源要早期发现、早期隔离和治疗感染结核病的人和动物，以免发展成为开放性结核病。其次是重视切断传播途径，养成良好的社会环境卫生习惯和行为生活方式，与病人、发病动物接触时应注意个人防护。

要特别控制通过宠物的传播，对养殖环境、圈舍、饲槽、笼具等要定期消毒处理，同时注意加强平时的饲养管理，对排泄物及时进行无害化处理。另外，还要特别注意发病患者对宠物的传播，以免带来更多的相互传染。

目前，在对结核病的特异免疫预防方面，实际应用尚仅限于人的结核病，主要是接种卡介苗。抗结核化学药物治疗又称化学疗法，是控制结核病传播的有效方法。合理化疗的原则是：早期、联合、适量、规律和全程用药。我国目前广泛应用的抗结核药物有异烟肼、利福平、吡嗪酰胺、乙胺丁醇和链霉素等。

宠物发生结核病后，要及时进行隔离、治疗。对无治疗价值的，要及时淘汰、消毒处理。

18　诺卡氏菌病

诺卡氏菌病（nocardiosis），主要指的是由星状诺卡氏菌（*Nocardia asteroides*）引起的人及多种动物的放线菌（Actinomycetes）感染病（infectious diseases）。

由星状诺卡氏菌引起的诺卡氏菌病，是一种渐进性、化脓性、肉芽肿性的亚急性至慢性感染病。以局部扩散，形成化脓或肉芽肿性炎症、多发脓肿和窦道瘘管为特征。宠物的诺卡氏菌病，主要是犬和猫的星状诺卡氏菌感染病。

18.1　病原特征

早在 1888 年，法国兽医学家诺卡尔（E. I. É. Nocard；图 8，源自 http：//en. wikipedia. org）首先从法国瓜德罗普（Goadeloupe）岛发生"牛皮疽"的病牛中分离到一种属于放线菌类的微生物，由特雷维桑（Trevisan）在 1889 年命名为皮疽诺卡氏菌（*Nocardia farcinica*）。此后，埃平格（Eppinger）于 1891 年描述了一例人的脑脓肿病例，从病灶分离到一种属于放线菌类的微生物，即现在命名的星状诺卡氏菌。在此后一段时间内，医学文献中经常报告的有 2 种诺卡

图8 诺卡尔

氏菌：星状诺卡氏菌和巴西诺卡氏菌（*Nocardia brasiliensis*），作为人和动物局部及全身性感染的病因之一，引起的感染病常被统称为诺卡氏菌病，是一类急性或慢性的化脓性、炎症性感染病。

星状诺卡氏菌为革兰氏阳性（紫色）的放线菌类微生物，菌体呈杆状或丝状，直径多在 0.2～0.4μm（附图15，源自 http：//www.baike.com）。从某种意义上讲，星状诺卡氏菌是一种多能性病原菌（multipotent pathogen）。目前，病原性星状诺卡菌引起人及动物感染的菌株、致病能力与范围等还仍在不断扩大及相继被发现，其病原学意义及致病机制等也在被进一步认识与深化。

星状诺卡氏菌是广泛分布于土壤中的需氧性放线菌，多数为腐物寄生性的非病原，不属于人体正常菌群，所以不呈内源性感染。星状诺卡菌对外界不利因素的抵抗力不强，对干燥、冷热的抵抗力均较弱，经80℃加热5min即可被杀死，一般的消毒剂均可将其杀死，如5%～10%的漂白粉、3%的来苏尔、5%的石炭酸等水溶液均能迅速将其杀死，对强酸、强碱也很敏感。

星状诺卡氏菌通常表现对青霉素不敏感，对磺胺类药物最为敏感，目前认为复方磺胺甲噁唑为首选药物。四环素、米诺环素、阿米卡星、亚胺培南、环丙沙星和头孢曲松对其有良好的抑菌作用；通常星状诺卡氏菌对氨苄西林、头孢类、庆大霉素、妥布霉素和红霉素易产生耐药性。

18.2　感染类型

星状诺卡氏菌不能在体内正常寄生，多是由外伤进入皮肤或经呼吸道吸入引起感染，常可造成一种急性或慢性化脓性或肉芽肿性病变。动物的病原星状诺卡氏菌，致病作用特点与人的感染类似。

18.2.1　人的星状诺卡氏菌病

主要表现是发生炎症反应、化脓性病变，骨关节积液、疼痛，严重患者可导致脏器功能衰竭。肺部感染患者的多数病例会出现肺部被侵害，表现为小叶性或大叶性肺炎，以后趋向于慢性病程。皮肤感染患者的臂部可出现链状排列的皮下结节群，也可表现为脓肿及慢性瘘管或疣状损害。脑部感染患者约有 1/3 病例会出现中枢神经系统受侵犯，引起脑膜炎、多发性脑脓肿，脑脓肿可以相互融合成大的脓肿。还可发生心内膜炎、心肌炎和心包炎，肝、脾、肾上腺、胃肠、淋巴结以及肋骨、股骨、椎骨、骨盆和关节亦可受累。

18.2.2　宠物的星状诺卡氏菌病

犬和猫多限于皮下组织和淋巴结的化脓性感染，严重情况下可发生全身性感染，脏器出现不同程度的病变，肺脏可出现化脓性炎症和坏死，在胸腔和腹腔会出现大量积液。脑部出现病变时，临床可表现神经症状。犬的星状诺卡氏菌病常呈现慢性肺炎，造成在胸腔积液，甚至化脓。犬亦常发生足星状诺卡菌病，幼犬易患肺星状诺卡菌病。足星状诺卡菌病，通常发生在四肢，可在四肢形成瘘管，也见散布于骨中或内部组织中。

18.2.3 其他动物的星状诺卡氏菌病

除上面记述犬和猫外的其他动物，星状诺卡氏菌可感染牛、猪、银狐、水獭、鹿等多种养殖及野生动物，任何年龄的均可被感染。比较常见的主要包括牛的乳腺、呼吸道和皮下淋巴管、淋巴结等易被感染。猪的星状诺卡菌病常可使前肢肩关节、后肢膝关节处的皮肤形成硬性结痂，继而成为脓包；还可见肝炎，肾炎，心包积液，心内膜灰白色结节等。鹿患星状诺卡菌病，主要是侵害肝脏与肺脏。

18.3 传播途径

放线菌病的传染源也可以理解为感染来源，因放线菌广泛存在于土壤、植物、空气及江河湖泊等自然环境中，在深海及高原环境中也可存在。星状诺卡氏菌是普遍存在于土壤中的腐生菌，此菌由吸入污染灰尘微粒或外伤进入人体组织引起感染，致病可能是原发或继发感染。在人与人、人与动物或动物之间的直接传染，尚缺乏明确的记述。

18.4 防治原则

星状诺卡菌为条件致病菌，广泛存在于土壤中，只有在出现伤口时，特别是皮肤、黏膜的损伤时，才易被感染。因此要特别注意防止皮肤、黏膜发生损伤，一旦出现伤口要及时进行消毒处理。对人的星状诺卡氏菌病，经治疗通常预后良好，一经确诊要首选使用药物治疗、先不考虑手术。经抗炎治疗不能治愈者，可适时行手术引流，术后继续抗炎治疗。如病变局限侵犯范围小可予以切除，术后要仍辅以抗炎治疗。

在宠物星状诺卡菌病的有效预防与控制方面，尤其需要做到的是养殖环境、圈舍、饲养用具等的定期消毒处理。防止皮肤、黏膜损伤，有伤口要及时处理。治疗方法主要是外科手术彻底切除病变组织，对创腔进行消毒处理、并以抗菌类药物治疗。

19　钩端螺旋体病

钩端螺旋体病（leptospirosis）常被简称为钩体病，是由问号钩端螺旋体（*Leptospira interrogans*）引起的人及多种动物的自然疫源性螺旋体（Spirochaeta）感染病（infectious diseases）。

钩端螺旋体简称为钩体，也是比较常用的名称。所引起的钩端螺旋体病，是一种以动物为主（动物源性）的人兽共患病（anthropozoonoses）。此病在人与动物中广泛流行，动物宿主众多，地理分布广泛。问号钩端螺旋体的菌型复杂，致病性也不同，临床表现多样。宠物的钩端螺旋体病，主要是发生于犬。

19.1　病原特征

问号钩端螺旋体的菌体呈细长丝状、圆柱形，螺旋盘绕细致、规则且紧密，长短不一，革兰氏阴性（红色），在一端或两端呈钩状，大小在（0.1~0.2）μm×（6.0~20.0）μm（图9、附图16，源自 http：//image. haosou. com）。最早是在1907年，由斯廷森（Stimson）在美国新奥尔良的一次黄热病（yellow fever）暴发流行的1例病死患者的肾小管中发现了此种螺旋体。顺便记述，黄热病是由黄热病病毒（yellow fever virus）引起的传染病。

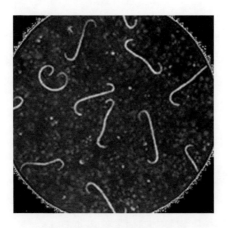

图9 钩端螺旋体基本形态

钩端螺旋体较为脆弱，不耐干燥，也不耐热，经50℃加热10min或60℃加热1min即可被杀死。在自然条件下因pH值不同，其生存的时间也长短不一。在潮湿的泥土中可生存6h至15d，致病性钩端螺旋体在湿土中能生存一冬。在水中的生存期限，通常为18h至8个月。在感染患者的尿液中，可生存28～50h。对多种化学物质均缺乏抵抗力，以0.1%的盐酸、硫酸、甲酸、醋酸等作用10～15min即被杀死，0.05%的苯酚可很快将其杀死，在1%石炭酸中30min即死亡，在含有氯的水中将很快死亡。

钩端螺旋体对抗生素的抵抗力因所用浓度不同而异，低浓度时有抑制作用，高浓度时能使钩端螺旋体运动丧失、形态变长、感染力消失并最终死亡，其中，以青霉素与金霉素的杀菌作用最强。

19.2　感染类型

钩端螺旋体病是一种全身性疾病，病程发展和症状轻重差异较大，临床症状也多种多样。同血清型的钩端螺旋体病可以引起完全不同的临床表现，不同血清型的钩端螺旋体病又可引起极为相似的综合征。

19.2.1　人的钩端螺旋体病

人的钩端螺旋体病，其临床特点为高热、头痛、全身酸痛和明显的小腿肌肉疼痛、眼结膜充血、淋巴结肿大。依疾病的发展过程，其病程可概括为 3 个阶段：一是早期即感染毒血症期，表现为发热，头痛，全身肌肉酸痛，特别是腓肠肌及腰背疼痛最突出，有明显的压痛；全身乏力，腿软，眼结膜充血；浅表淋巴结肿大，有压痛，以腹股沟淋巴结多见，其次为腋窝淋巴结群。此外，还有咽痛、咳嗽、呕吐、腹泻、鼻出血、皮疹等。二是中期即器官损伤期，根据不同的临床特征，表现为流感伤寒型、肺大出血型、黄疸出血型、肾型和脑膜脑炎型。三是后期即恢复期或后发症期，大部分患者恢复健康，但也可能出现发热、眼后发症、反应性脑膜炎、闭塞性脑动脉炎等后发症。

19.2.2　宠物的钩端螺旋体病

犬的钩端螺旋体病，主要是表现发热、嗜睡、呕吐、便血、黄疸及血红蛋白尿等，口腔黏膜出血、坏死和溃疡，严重病犬可在发病后的 3~5d 内死亡。幼犬发病较多，成犬常呈隐性感染。

19.2.3 其他动物的钩端螺旋体病

除上面有记述犬外的其他动物，常被感染发病的主要包括猪、牛、马、羊、鹿，以及野生动物狐狸、貂等。其特点是表现感染率高、发病率低，症状轻的多、重的少。发病后的临床表现多样，但多数是以发热、出现黄疸、血尿及怀孕母畜发生流产为特征。

19.3 传播途径

人和各种携带钩端螺旋体的动物，可经尿、乳汁、唾液等多种途径向体外排出，以尿的排出量最大、时间最长，污染周围环境的水、土壤、植物、垫草、饲料、食物和用具等，接触这些污染物后即可发生感染。间接接触感染主要是接触疫水，如开垦荒塘、荒田，积肥，到江河、池塘、水库游泳或捕捉鱼虾等。直接接触感染可通过被鼠咬伤，经乳汁等途径，也可通过皮肤及黏膜的创伤、消化道与呼吸道黏膜侵入机体。人常常是以直接接触感染为主，动物间的感染包括直接或间接接触。

19.4 防治原则

彻底消除自然疫源地的鼠类，是控制钩端螺旋体病的根本措施。动物养殖环境要干净、卫生，有防鼠设施，对粪、尿及污染物要做无害化处理。对宠物犬要加强管理，还要尽量减少密切接触的机会。平时注意消除和清理被污染的水源、污水、淤泥、牧地、饲料、养殖场舍、垃圾、用具等，以控制传染和散播。

对人钩端螺旋体病的治疗，以使用抗菌类药物为主，配合对症治疗和支持疗法，采取抗菌、解毒、镇静、保肝、强心、止血、利尿等措施，可收到良好的治疗效果。人的钩端螺旋体病多为自限性的，除少数类型的以外，通常经7~10d的一般支持和对症治疗可痊愈。对患病宠物，可采取抗菌治疗与对症治疗相结合的综合性治疗措施。

20　莱姆病

　　莱姆病（lyme diseases，LD），是由布氏疏螺旋体（*Borrelia burgdorferi*）引起的人及多种动物的螺旋体（Spirochaeta）感染病（infectious diseases）。

　　莱姆病是以硬蜱为主要传播媒介的一种自然疫源性人兽共患病（zoonoses），是具有地区性、全身性感染特征的慢性蜱媒疏螺旋体病。早期以皮肤慢性游走性红斑（erythema chronicum migrans，ECM）为特点，以后会出现神经、心脏或关节病变。宠物的莱姆病，主要发生于犬和猫。

20.1　病原特征

　　布氏疏螺旋体呈弯曲的螺旋状，革兰氏阴性（红色），大小在（0.2 ~ 0.3）μm ×（10.0 ~ 40.0）μm（附图 17，源自 http：//image. haosou. com）。1975 年，斯蒂尔（Steere）医生首先在美国康涅狄格（Connecticut）州莱姆（Lyme）镇患"青少年红斑性关节炎"的儿童中，发现了这种由蜱传螺旋体引起的人兽共患病，并称其为莱姆关节炎（lyme arthritis）。1977 年，美国研究人员从患者的血液、皮肤病灶和脑脊髓液中分离到病原螺旋体，在 1980 年此病被命名为莱姆病。1982 年，布格德费尔（Burgdorfer）等从蜱体内分离出相应的病原螺旋体，莱姆病的病原从此被确认。1984 年，由约翰松（Johnson）将其命名为布氏疏螺旋体。

布氏疏螺旋体对外界环境因素的抵抗力不强，在室温条件下只能存活一个月左右，4℃条件下能存活较长时间，在－80℃以下温度可长期保存。对青霉素、四环素、头孢菌素和红霉素等抗生素敏感，对新霉素、庆大霉素、卡那霉素、甲硝唑、甲基达唑和利福平等抗菌类药物均有抵抗力。

20.2　感染类型

莱姆病主要由媒介蜱类（附图 18，源自 http：//image. haosou. com）传播，是在牧区动物间流行的自然疫源性疾病。在一定的条件下通过接触疫源动物或经蜱虫叮咬，可将布氏疏螺旋体传染给动物和人。

20.2.1　人的莱姆病

人类对莱姆病普遍易感，无种族和性别的差异。人群感染后一部分呈现隐性感染，另一部分则表现为显性感染。感染早期的首发症状主要是皮肤病变，表现为慢性游走性红斑。中期播散性感染，可发生继发性红斑、脑膜炎、脑膜脑炎、神经炎、心肌炎等。晚期持续性感染，可出现关节炎和慢性萎缩性肢皮炎（acrodermatitis chronic atrophican，ACA），其他还有亚急性脑炎、强制性麻痹和极度衰竭等。

20.2.2　宠物的莱姆病

犬发病后表现发热、厌食、消瘦、精神不振、嗜睡等，影响到关节的可出现关节肿大、疼痛、间接性跛行、局部淋巴结肿大、心肌炎。有的出现黄疸、脾脏增大，严重的会有蛋白尿、脓尿、血尿等肾脏损伤症状。猫发病后，主要表现厌食、疲劳、嗜睡、关节肿胀和疼痛、跛行等症状。

20.2.3　其他动物的莱姆病

除上面记述犬和猫外的其他动物，马、牛、羊等家畜及多种野生动物对布氏螺旋体都有易感性，感染后大多数呈现隐性感染。有部分动物感染后可发病，出现的临床症状主要表现发热、沉郁、跛行等，有的怀孕母牛、马等会发生流产。

20.3　传播途径

布氏疏螺旋体感染的类型，包括经媒介生物感染和非媒介生物感染。生物媒介为节肢动物硬蜱，蜱吸血后感染的伯氏疏螺旋体在媒介蜱体内有一定的增殖过程，增殖后还可向涎腺、血浆、卵巢以及其他组织扩散，最后通过叮咬感染人和其他敏感动物。另外是莱姆病还可以通过接触传播，血液传播和垂直传播等非媒介生物传播。

布氏疏螺旋体的贮存宿主多样，现已查明有 30 多种野生动物（鼠、鹿、兔、狐、狼、浣熊等）、49 种鸟类以及多种家畜（牛、马、犬、羊、猫等），一般认为啮齿类动物是布氏疏螺旋体的主要贮存宿主和主要传染源。

20.4　防治原则

莱姆病是一种自然疫源性传染病，对其地理分布、媒介生物及宿主动物分布地区的情况要调查清楚，明确是否存在自然疫源地。以便在人类进入这些地区从事经济开发、采矿、施工、伐木、野营或旅游活动之前，就有针对性的制订好预防措施，可避免造成疫病的发生与流行。要坚持防鼠、灭鼠，避免鼠类将蜱带入家中或接触其尿及污染物后感染病原。家养的宠物（犬、猫等）应注意动物的管理与卫生，经常进行消毒杀虫。

对人及动物莱姆病的治疗，均是采用抗菌类药物与对症治疗相结合的综合措施。及时治疗早期莱姆病，可迅速控制症状和防止出现晚期病变。

21 鹦鹉热

鹦鹉热（psittacosis）又称为鸟疫（ornithosis），是由鹦鹉热嗜衣原体（*Chlamydophila psittaci*）引起的人及多种动物的衣原体（Chlamydia）感染病（infectious diseases）。

鹦鹉热属于自然疫源性人兽共患病（zoonoses），主要在禽类、鸟类、人及一些哺乳类动物中传播，通常多为隐性感染经过。人被感染常是以非典型性肺炎为多见，病程较长，反复发作或转为慢性型的。宠物的鹦鹉热，主要发生于猫和犬及观赏鸟类（鹦鹉、鸽等）。

21.1 病原特征

鹦鹉热嗜衣原体通常呈圆形或椭圆形，革兰氏阴性（红色），其大小与不同发育阶段有关。瑞士医师里特（Ritter）在 1879 年首次记载了一起因鹦鹉和金翅雀接触后发生的热性病暴发，主要症状是肺炎，这是对鹦鹉热的最早描述。1894 年，莫朗热（Morange）在阿根廷首都布宜诺斯艾利斯（Buenos Aires）发现与鹦鹉接触的人会发病，认为病鹦鹉为传染源，首次提出使用"psittacosis"（鹦鹉热）这一病名。平克顿（Pinkerton）和斯旺克（Swank）在 1940 年首先报告了在家鸽发生此病，后来发现其他鸟类也患此病并能传染给人，迈耶（Meyer）在1941年建议将此病称为"ornithosis"（鸟疫）。

鹦鹉热嗜衣原体对热、脂溶剂和去污剂等均敏感，经37℃作用48h或60℃作用10min即可被杀灭，0.1%的甲醛溶液或0.5%苯酚溶液经24h、乙醚作用30min以及经紫外线照射均可将其杀灭。耐低温，在4℃条件下可存活5d、0℃可存活数周、-70℃可保存多年。在室温条件下，其在灰尘、羽毛、粪便、流产的产物中很稳定，这也是其在传播中的一个重要生态学因素。

通常表现对青霉素、金霉素、红霉素、四环素等抗菌类药物敏感，对链霉素、庆大霉素、卡那霉素、新霉素等具有抵抗力。

21.2　感染类型

鹦鹉热在人以发热、头痛和肺炎为特征，在鸟类和禽类以结膜炎、鼻炎和腹泻为特征，在家畜以肺炎和母畜流产为特征。

21.2.1　人的鹦鹉热

鹦鹉热嗜衣原体主要由鸟类传染给人，多数患者表现为非典型性肺炎，缺乏特征性临床症状。通常按临床表现，可分为肺炎型、由伤寒沙门氏菌（*Salmonella typhi*）引起的伤寒（typhoid fever）样型或中毒败血症型。肺炎型患者主要表现为发热以及由流行性感冒病毒（influenza virus）引起的流行性感冒（influenza）样症状，表现咳嗽、呼吸困难，伴有寒战、乏力、头痛、关节肌肉痛，还可有结膜炎、皮疹或鼻出血。伤寒样型或中毒败血症型的表现为发热、头痛、全身疼痛，易出现心肌炎、心内膜炎、脑膜炎等并发症。治疗不彻底，可反复发作或转为慢性的。接触感染鹦鹉热流产动物的孕妇，可被感染发生流产、产褥期败血症和休克等。

21.2.2　宠物的鹦鹉热

猫被感染后，早期会出现眼睑痉挛充血、结膜浮肿、流泪，继之出现黏液脓性分泌物，形成滤泡性结膜炎。新生猫可能会发生眼炎，引起闭合的眼睑凸出及脓性坏死性结膜炎。发生鼻炎的病猫，会出现打喷嚏、流鼻液，严重的可继发支气管炎和肺炎。犬以在1周龄内的易感，主要表现为结膜炎、角膜炎、脑炎及肺炎等。鹦鹉、鸽在发病后表现精神委顿、嗜睡、虚弱，在眼和鼻部有黏液性分泌物，腹泻、消瘦。

21.2.3　其他动物的鹦鹉热

除上面有记述宠物外的其他动物，鹦鹉热的宿主范围非常广泛，可使几十种哺乳动物及近200种鸟类、禽类被感染。发病缺乏明显的季节性，常是呈地方性流行。常见的感染类型，可引起畜（猪、羊、马、牛、兔）禽（鸡、鸭、鹅等）的肺炎，以及流产、肠炎、脑脊髓炎、多发性关节炎、结膜炎等多种疾病。

21.3　传播途径

鹦鹉热的患病及带菌动物，可由粪便、尿液、乳汁及流产胎儿等排出鹦鹉热嗜衣原体，污染水源、饲料、空气等，通过消化道、呼吸道、眼结膜、伤口等多种途径传播。易感禽与病禽排泄物接触，是维持其感染的重要因素。鹦鹉类以及其他禽（鸟）类的交易、运输，鸽的竞赛、野禽类的迁徙等，都有助于鹦鹉热在整个禽（鸟）类群体中的散播。

人主要是通过呼吸道吸入鹦鹉热嗜衣原体污染物后被感染，也可经损伤的皮肤、黏膜或眼结膜等途径被感染。

21.4 防治原则

通常是采用综合预防措施，控制感染动物和阻断传播途径，尽量避免与宿主动物接触。职业需要接触动物或饲养宠物者，要做好自身防护。对宠物粪便、排泄物等，要进行无害化处理。对饲养宠物的笼舍、饲槽、用具等，要保持清洁卫生和定期消毒处理。

对人及动物鹦鹉热的治疗，还主要是选择使用敏感的抗菌类药物。同时，应配合对症治疗和采用支持疗法，如输液、给氧和抗休克等。

22 Q 热

Q热（Q fever），是由伯氏考克斯氏体（*Coxiella bur-netii*）引起的人及多种动物的立克次氏体（Rickettsia）感染病（infectious diseases）。

Q热是一种自然疫源性人兽共患病（zoonoses），以发热、头痛、全身肌痛和间质性肺炎为特征。人的Q热主要表现为类似于由伤寒沙门氏菌（*Salmonella typhi*）引起的伤寒（typhoid fever）和由流行性感冒病毒（influenza virus）引起的流行性感冒（influenza）样症状，家畜（牛、羊等）的Q热常常是呈无症状经过。宠物的Q热，主要发生于犬和猫。

22.1 病原特征

1935年，德里克（E. Derrick）在澳大利亚东部城市布里斯班（Brisbane）的屠宰场工人中发现一种原因不明的发热疾病，并于1937年描述了在澳大利亚东北部的昆士兰（Queensland）州流行的这种不明原因发热疾病的临床表现，认为是一种新的疾病。因当时原因不明，故称此病为Q热，"Q"是英文Query（疑问之意）的第一个字母。但也有人认为"Q"是取名于Queensland（昆士兰），所以也将此病称为昆士兰热（Queensland fever）。

伯氏考克斯氏体的形态，为短杆状或球杆状或具有多形态性，通常为革兰氏阴性（红色但一般不容易着色），大小多在 0.25μm×1.0μm。对外界环境因素具有较强的抵抗力，尤其对酸、去污剂、干燥等的抗性特别强。在感染动物和蜱的排泄物、分泌物中，于干燥的条件下可长期存活（如经586d 仍然具有感染性），在鲜肉中于 4℃ 保存能存活 30d、在腌肉中至少可存活 150d，在牛奶中至少要煮沸 10min 以上才能被杀死，在乳汁和水中可存活 36～42 个月，在干燥的沙土中于 4～6℃ 可存活 7～9 个月，在 -56℃ 条件下能存活数年，经 60～70℃ 加热处理 30～60min 才能被杀死。用0.5% 福尔马林溶液连续处理 3d 才能将其杀死，70% 酒精可在 1min 内将其灭活，0.5% 石炭酸需经 7d、0.5%～1% 来苏尔需经 3h 以上才能将其杀死。

有多种抗生素能抑制伯氏考克斯氏体的生长繁殖，强力霉素、土霉素、氯霉素、利福平、环丙沙星、甲氧苄氨嘧啶等抗菌类药物均具有很强的抑制作用，但红霉素、青霉素、链霉素的作用很小，氨基苯甲酸无作用。

22.2　感染类型

伯氏考克斯氏体侵入机体后，先是在局部网状内皮细胞内繁殖，然后进入血液形成伯氏考克斯氏体血症，并导致一系列病变及临床症状。

22.2.1　人的 Q 热

人的 Q 热，表现有急性型和慢性型。急性型的表现突然发病，出现发热、畏寒、头痛、肌肉酸痛（主要是腓肠肌）等症状，常常伴有全身乏力及食欲不振。有的患者会相继出现胸痛、干咳以及肺部病变和肝脏肿大。慢性型的经过出现在少数病例，表现为亚急性心内膜炎和（或）慢性肉芽肿肝炎，伴有体重减轻、盗汗、贫血、关节疼痛、肝脏和脾脏肿大等。

22.2.2　宠物的 Q 热

犬发生伯氏考克斯氏体的自然感染后，可发生支气管肺炎和脾脏肿大。猫及野猫的 Q 热感染率都是比较高的，且常常会传染给人。

22.2.3　其他动物的 Q 热

除上面有记述犬和猫外的其他动物，牛、羊、马属动物、骆驼、猪、鸡、鸭、鹅等多种畜（禽）以及野生动物，都会自然感染发生 Q 热。动物被感染后多是呈亚临床经过，但在绵羊和山羊有时会出现食欲不振、体重下降、产奶量减少、流产和死胎等；牛被感染后，会出现不育或流产。有少数病例会出现结膜炎、支气管肺炎、关节肿胀、乳房炎等症状。

22.3　传播途径

Q 热可通过呼吸道、消化道及血液等多种途径传播，以呼吸道感染为主，通常多是因吸入具有传染性的气雾或被污染的尘埃后被感染。其次是经直接或间接的接触被感染，以及被某些节肢动物（主要是蜱）叮咬后被感染。另外，还可通过因饮入病畜乳汁或食入其乳制品、食入病畜肉类后经消化道被感染。家畜被感染后，伯氏考克斯氏体可随其分泌物、排泄物以及分娩时的羊水和胎盘等散播至外界环境中，污染土壤和空气。伯氏考克斯氏体以蜱为媒介，在一些鼠类、野兔以及其他野生动物中循环，形成自然疫源地。伯氏考克斯氏体从自然疫源地转至大哺乳类动物（牛、羊等）造成感染，再在家畜间传播形成另外一个完全独立循环的疫源地，伯氏考克斯氏体则常常是由此传染给人。

22.4　防治原则

积极进行灭鼠、灭蜱，对饲养动物加强管理和检疫，尤其控制发病动物是防止人及动物发生 Q 热的关键，对动物皮、毛、绒等产品要消毒处理。要不断净化和消毒空气，注意饮食卫生，做好自身防护。

对人及动物 Q 热病的治疗，主要是依赖于抗菌类药物的使用。还应根据病情，采取对症治疗和支持疗法。有多数急性型 Q 热患者为轻度发病，通常不经治疗即可经 2～3 周的时间自愈，用抗生素治疗可明显缩短发热周期。

23　猫抓病

猫抓病（cat scratch diseases，CSD），是由汉氏巴尔通氏体（*Bartonella henselae*）引起的人及某种动物（主要是家猫及猫科动物）的立克次氏体（Rickettsia）感染病（infectious diseases）。

猫抓病是一种以局部淋巴腺炎为主要特征的良性自限性疾病，且为以人为主的人兽共患病（zoonoses）。因多数患者发病前数日有被猫咬、猫抓或猫舔的与猫接触史，所以，被称为猫抓病，也称为猫抓热（cat scratch fever，CSF）。宠物的猫抓病，主要是发生于猫。

23.1　病原特征

汉氏巴尔通氏体为纤细、多形态的棒状小杆菌，革兰氏阴性（红色），通常大小在（0.1～0.5）μm×（0.2～2.5）μm（以杆状的为主）。猫抓病最早是在 1950 年由法国医生德勃雷（Debré）描述，将这种经由猫抓伤或咬伤引起的感染，并以局部良性淋巴结肿大、疼痛为特征的自限性疾病命名为猫抓病。其相应病原汉氏巴尔通氏体，是在后来被发现的。

汉氏巴尔通氏体对低温有很强的抵抗力，能够耐受冷冻和反复冻融，可在 -70℃至 -20℃的冰箱中长期保存。对复方磺胺甲基异噁唑、多西环素、红霉素及其衍生物、氨基糖苷类、利福平、环丙沙星等多种抗菌类药物，表现敏感或高度敏感。

23.2 感染类型

人的猫抓病，在临床存在多种表现，以发生局部皮肤损害及淋巴结肿大为主要特征。猫通常被认为是汉氏巴尔通氏体的主要宿主，可长期携带汉氏巴尔通氏体。

23.2.1 人的猫抓病

猫抓病的临床表现，通常是在被猫抓、咬伤后的 3 ~ 10d，多数患者会出现原发性皮肤损害，表现为局部出现斑丘疹、结节性红斑、疱疹、淤斑、荨麻疹、环形红斑及脓疱疹等，疼痛不显著。在抓伤感染后约 10 ~ 15d，90% 以上的患者会在引流区淋巴结呈现肿大，有少数患者会发生淋巴结化脓。约有半数病例会出现发热，同时常有乏力、食欲缺乏、呕吐、咳嗽、头痛、体重减轻及咽喉疼痛等症状。另外，有少数患者会出现中枢神经系统受累症状，表现为脑炎、脑膜炎、脊神经根炎、视神经网膜炎、多发性神经炎或截瘫性脊髓炎等。还可引起眼部疾病，主要表现有视神经视网膜炎、眼腺综合征、葡萄膜炎、视网膜血管炎、坏死性或结节性结膜炎、滤泡性结膜炎、结膜血管瘤病、眼前房或玻璃体炎性细胞、多灶性脉络膜炎等。再者是肝脾型猫抓病，以在儿童多见，患者临床表现为超高热、全身不适、厌食等，只有约半数的患者会出现淋巴结肿大。

23.2.2　宠物的猫抓病

虽然人们普遍认为猫可长期带菌、但不发病，但也有发现感染汉氏巴尔通氏体的猫常会出现发热症状，有的猫还会出现视网膜炎、淋巴结肿大、全身性肌痛、心内膜炎、繁殖障碍等。还会出现爪部浅表性的感觉丧失、肌肉运动平衡失调等，以及一过性的肝脏、肾脏、脾脏损伤；也容易出现淋巴腺炎、齿龈炎、口腔炎和泌尿道炎等。

23.2.3　其他动物的猫抓病

除上面记述家猫感染汉氏巴尔通氏体外，也有一些其他大型猫科动物感染汉氏巴尔通氏体的报告。已有调查结果显示，从津巴布韦的印度豹、美国加利福尼亚的山狮体内分离到了汉氏巴尔通氏体；在捕获的野生猫科动物及自由放养的佛罗里达豹、山狮和美洲狮中，有30%表现为汉氏巴尔通氏体抗体阳性。

23.3　传播途径

携带汉氏巴尔通氏体和患病动物，是猫抓病的主要传染源。动物中的猫、犬、猴以及某些昆虫（跳蚤等），在疾病传播中起着重要作用。其中幼猫（通常在1岁以下）为最常见的携带汉氏巴尔通氏体动物，汉氏巴尔通氏体存在于猫的口咽部，猫受染后可形成菌血症，可通过猫身上的猫栉首蚤（*Ctenocephalides felis*）在猫群中传播。猫的带汉氏巴尔通氏体率相当高，有报告宠物猫的感染率高达40%，携带汉氏巴尔通氏体的猫并无症状，带汉氏巴尔通氏体期可超过 12 个月。人通常是在被猫抓伤、咬伤或与猫密切接触后被感染，少数可由犬、兔、猴等抓伤或咬伤所致，也有的患者无明显皮肤损伤史。

23.4　防治原则

虽然约有近半数的猫在其一生中有时会携带汉氏巴尔通氏体，但通常并不会经由接触或饲养造成感染，大部分的患者是发生在被携带汉氏巴尔通氏体的猫抓伤或咬伤之后所造成，在 5 岁以下儿童及免疫功能低下者更易被感染。

预防的重点内容是控制传染源和传播媒介，汉氏巴尔通氏体的宿主是猫。因此，避免猫的抓伤和亲密接触是预防猫抓病的重要措施。另外，消灭汉氏巴尔通氏体传播媒介跳蚤，对于控制猫抓病也至关重要。为减少宠物将汉氏巴尔通氏体传染给人，要定期清洁宠物以减少身上跳蚤数量，维持饲养环境干净。若不慎被猫抓伤或咬伤，应立即清洗和消毒处理伤口。伤口处保持清洁干燥，切勿让猫舔舐开放的伤口。

人的猫抓病多为良性自限性的，轻者一般是无需治疗也可在 6～8 周自愈，绝大多数患者预后良好。对发病较重者，除了给予一般疗法外还需要使用抗菌类药物治疗。对动物猫抓病的治疗，目前仍还主要是使用抗菌疗法。

第二部分

病毒感染病

◇ 在此部分中，共记述了3种由病毒（virus）引起的感染病（infectious diseases）。包括狂犬病（rabies）、戊型肝炎（hepatitis E）、流行性出血热（epidemic hemorrhagic fever，EHF）。分别记述了这些病毒感染病的病原特征、感染类型、传播途径、防治原则4个方面的内容。

24 狂犬病

狂犬病（rabies）也称为恐水病（hydrophobia），是由狂犬病病毒（rabies virus，RV）引起的人及所有温血动物的病毒（virus）感染病（infectious diseases）。

狂犬病是一种侵害神经系统的急性传染病，临床主要表现为高度兴奋、恐惧不安、畏风、恐水，发作性咽肌痉挛以及进行性瘫痪而危及生命。人的狂犬病，多是因被感染的犬、猫或野生动物咬伤后被感染发病。宠物的狂犬病，主要发生于犬和猫。

24.1 病原特征

狂犬病是一种古老的人兽共患病（zoonoses），古称"疯狗病"。大约在公元前 3000 年，就已有文字记载被犬咬伤可引起人的发病死亡。公元前 500 年，已经认识到狂犬病是犬和其他家畜的疾病。

狂犬病病毒是一种负链单股 RNA 病毒，为嗜神经病毒，属于弹状病毒科（Rhabdoviridae）、狂犬病病毒属（*Lyssavirus*）的典型种。狂犬病病毒的典型形态特征为类似子弹状，一端圆尖、一端平直而凹进，大小在（75～80）nm ×

（140～180）nm（图10，源自 http：//image. haosou. com）。
从患者和狂犬病动物分离的狂犬病病毒称为街毒（street vi-
rus），是人和动物狂犬病的病原体；经过在家兔脑和脊髓内
的一系列传代，适应特定宿主后的毒株称为固定毒（fixed
virus），可用于制备狂犬病疫苗。

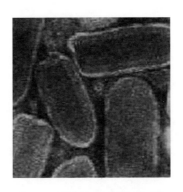

图 10　狂犬病病毒基本形态

狂犬病病毒存在于发病动物或患者的神经组织和唾液
中，对外界环境因素的抵抗力不强，容易被多数有机溶剂、
氧化剂、表面活性物质（新洁尔灭、肥皂、去垢剂等）灭
活，也容易被紫外线、X 射线、酸（pH 值 4.0 以下）、碱
（pH 值 10.0 以上）等灭活。对热敏感，加热 40℃经约 4h 或
60℃经 30min 可被灭活，在冷冻干燥或 -70℃条件下能存活
数年。

24.2　感染类型

可根据狂犬病的临床表现，分为狂躁型和麻痹型两种类
型，其中，以狂躁型的为多见。因在被狂犬病病毒感染发生
狂犬病后常有恐水的临床表现，所以也称为恐水病。

24.2.1 人的狂犬病

人的狂犬病，潜伏期可短至4d，长至数年，通常多是在1～3个月。狂躁型的临床表现，包括前驱期、兴奋期和麻痹期。①狂躁型：狂躁型狂犬病的前驱期通常持续1～3d，常是自觉全身不适、食欲减退、头痛、全身痛、乏力和发热，类似于感冒症状；同时，可出现恶心、呕吐、腹痛和腹泻。兴奋期通常持续1～3d，表现高度兴奋，极度恐怖。恐水是特征性临床表现，多数患者当水接触到唇部即能引起严重的咽喉肌痉挛，在极度口渴的情况下也不敢饮水，甚至见到水、听到水声或听到饮水时就可引起反射性咽喉肌痉挛。畏风也是常见症状，对轻微的风也非常敏感。另外是对外界各种刺激（如轻微的风、光、声音或触摸等），均可引起咽喉肌和呼吸肌的痉挛。植物神经系统功能亢进可使唾液分泌增多，出现流涎、吐沫、出汗等症状。麻痹期通常持续6～18h，患者痉挛症状逐渐减少或停止，逐渐转为安静。会出现弛缓性瘫痪，呼吸变慢且不规则，心搏无力，神志不清，最后因呼吸麻痹和循环衰竭死亡。②麻痹型：麻痹型的常见于被吸血蝙蝠咬伤，受到固定毒的感染，其病理损伤以脊髓、延髓为主。因咽喉肌麻痹不能说话，所以，又称为"哑型"狂犬病。在前驱期后出现四肢麻木（无兴奋期），麻痹从下肢开始、逐渐发展至全身，多是缺乏吞咽困难和恐水表现，也没有痉挛发作，意识始终清楚，终因衰竭死亡，病程约10～20d。

24.2.2 宠物的狂犬病

犬的潜伏期在10d至2个月，有的更长，也包括狂躁型和麻痹型两种临床类型。狂躁型的前驱期约 1～2d，表现精神沉郁，常常是躲在暗处，性情和食欲反常，喜食异物。反射机能亢进，轻度刺激即易兴奋。兴奋期通常持续 2～4d，表现高度兴奋、狂暴并常攻击人及动物，狂暴发作常与沉郁交替出现。病犬常常是在野外游荡，到处咬伤人及动物。麻痹期约 1～2d，表现舌脱出口外、流涎显著，不久后躯体及四肢麻痹、卧地不起，最后因呼吸中枢麻痹或衰竭死亡。麻痹型的病犬以麻痹症状为主，兴奋期很短或无，最后因四肢及全身麻痹死亡。

猫的狂犬病表现为狂躁型，症状与犬的相似，但病程较短，常常是在出现症状后经 2～4d 死亡。在发作期间，常是从暗处突然跳出来攻击其他猫、动物和人。

24.2.3 其他动物的狂犬病

除上面记述犬和猫外的其他动物，牛、羊、马属动物、猪等家畜，以及多种野生动物的狂犬病，也都是具有狂躁型或麻痹型的临床类型，最后常常是因麻痹或衰竭死亡。

24.3 传播途径

尽管几乎所有的温血动物都对狂犬病病毒易感，但在自然界中主要的易感动物是犬科和猫科动物，以及翼手类（蝙蝠）和某些啮齿类动物。野生动物狼、狐、貉、臭鼬和蝙蝠等，是狂犬病病毒的主要自然储存宿主。野生啮齿类动物如野鼠、松鼠、鼬鼠等对狂犬病病毒均易感，在一定条件下可成为狂犬病的危险疫源长期存在，当其被肉食动物吞食后则可能传播狂犬病。

　　患狂犬病的病犬是使人感染狂犬病病毒的主要传染源，其次是猫，以及其他家养或野生动物。也有发现少数无症状、但携带狂犬病病毒的犬和猫，在咬伤人后可使人被感染发病，在传播狂犬病中的作用已日益受到重视。

　　狂犬病病毒主要是通过被感染的动物咬伤，随唾液进入人体（附图19，源自 http：//image. haosou. com）。唾液中的病毒，也可经抓伤或舔伤皮肤黏膜破损处侵入。也有的病例，是通过含有病毒的气溶胶经呼吸道吸入、或经角膜移植传播造成发病的。

24.4　防治原则

　　在世界上大多数国家，狂犬病的宿主动物是犬，所以对犬的管理甚为重要。对家犬进行免疫接种和消灭野犬，是预防人狂犬病最为有效的措施。在国际上多是采用"QDV"方法来控制狂犬病，即检疫（quarantine）、消灭流浪犬（destruction of stray dogs）、免疫接种（vaccination）的综合性措施。

　　犬在伤人后要捕捉隔离观察2周，若在观察期间出现狂犬病症状则要立即击毙，并将其尸体焚化或深埋处理。对患狂犬病死亡的动物通常不要剖检，更不允许剥皮食用，应进行焚化或深埋处理；若因检验、诊断需要剖检时，则必须做好个人防护和消毒工作。对从事狂犬病病毒研究的人员、兽医、动物管理员、野外工作人员等高危人群，要进行免疫接种。

　　不慎被咬伤或抓伤后，要即刻对伤口部位进行反复的冲洗和消毒处理，以清除和灭活局部伤口处的病毒。同时，还应使用抗狂犬病血清、抗病毒药物治疗，必要时还需应用抗菌类药物控制可能会发生的细菌感染。

25　戊型肝炎

病毒性肝炎（viral hepatitis），是指由肝炎病毒（hepatitis virus）引起的全身性病毒（virus）传染病，主要是累及肝脏。肝炎病毒是一大类能引起病毒性肝炎的病原体，目前公认的人类肝炎病毒至少有甲型肝炎病毒（hepatitis A virus，HAV）、乙型肝炎病毒（hepatitis B virus，HBV）、丙型肝炎病毒（hepatitis C virus，HCV）、丁型肝炎病毒（hepatitis D virus，HDV）、戊型肝炎病毒（hepatitis E virus，HEV）等5类，它们分类于不同的病毒科和不同的病毒属。

由甲型肝炎病毒、乙型肝炎病毒、丙型肝炎病毒、丁型肝炎病毒、戊型肝炎病毒引起的肝炎，分别称为甲型病毒性肝炎（viral hepatitis A）即甲型肝炎（hepatitis A）、乙型病毒性肝炎（viral hepatitis B）即乙型肝炎（hepatitis B）、丙型病毒性肝炎（viral hepatitis C）即丙型肝炎（hepatitis C）、丁型病毒性肝炎（viral hepatitis D）即丁型肝炎（hepatitis D）、戊型病毒性肝炎（viral hepatitis E）即戊型肝炎（hepatitis E）。其中的戊型肝炎病毒，可引起人及多种动物的感染病（infectious diseases）。宠物的戊型肝炎，有记述主要是在犬有发生。

25.1　病原特征

由病毒引起的肝炎（hepatitis）是一种古老的传染病，但其病因仅是在近代才被确定的。1942年在德国，弗格特（Voegt）报告健康人通过口服肝炎病人十二指肠内容物后可被感染，由此证明了肝炎的可传染性；其后是在英国、美国均有同类报告。他们通过流行病学、临床和试验观察，认为肝炎有传染性肝炎（infectious hepatitis）和血清性肝炎（serum hepatitis）两种类型。1947年，麦卡勒姆（MacCallum）将传染性肝炎命名为甲型病毒性肝炎、血清性肝炎为乙型病毒性肝炎，这种命名在1977年被世界卫生组织（World Health Organization，WHO）所承认。美国学者弗瑞斯特（Stephen M. Feinstone），于1973年首先用免疫电镜技术在急性期患者的粪便中发现了甲型肝炎病毒。

戊型肝炎病毒，在过去曾被称为是"经消化道传播的非甲非乙型肝炎病毒"。对其在早期的研究是于1983年，前苏联学者巴拉扬（Balayan）等以急性期患者的粪便口服液进行志愿者和动物实验，在其粪便中检测到了直径为27～30nm的病毒颗粒，并发现粪便中的病毒颗粒能与志愿者恢复期患者血清发生凝集反应。于1989年9月在日本东京召开的非甲非乙型肝炎和经血液传播疾病国际学术会议上，将此病毒正式定名为戊型肝炎病毒。

戊型肝炎病毒的形态特征是直径为27～38nm（平均32.2nm）的二十面体对称的圆球形，表面呈锯齿状，无囊膜，为单股正链RNA病毒。戊型肝炎病毒不稳定，对高盐、氯化铯、氯仿敏感，在碱性环境中比较稳定。

25.2 感染类型

戊型肝炎病毒，是一种主要引起 15～40 岁成人自限性病毒性肝炎的病原体。以隐性感染类型多见，显性感染多是发生在成年人。主要是在青壮年，孕妇的病死率高，此两点也是戊型肝炎所表现的特征。

25.2.1 人的戊型肝炎

各型病毒性肝炎的临床表现相似，均以疲劳、食欲减退、厌油腻、肝脏肿大、肝功能异常为主，部分病例会出现黄疸。戊型病毒性肝炎原称为"肠道传播的非甲非乙型肝炎"或"流行性非甲非乙型肝炎"，其流行病学特点及临床表现，颇像甲型病毒性肝炎。

戊型病毒性肝炎有明显的流行季节性，多是发生在雨季及洪水之后。潜伏期通常为 15～75d（平均 36d），患者可分为临床型和亚临床型两类。临床型包括急性黄疸型、急性无黄疸型和暴发型，成人以临床型为主，儿童以亚临床型为主。其中，黄疸型占 86.5%，黄疸约在 1 周消失。戊型病毒性肝炎呈自限性，一般不发展为慢性，多数病例可在 6 周内恢复。迄今为止，最大规模的流行发生在我国新疆维吾尔自治区的南部，于 1986—1988 年间历时 20 个月共发病119 280人，多数为 15～44 岁的青壮年，总罹患率为2.96%、病死率为0.59%。

25.2.2 宠物的戊型肝炎

犬感染戊型肝炎病毒后，常是表现为亚临床状态，不易被引起注意。戊型肝炎病毒在犬的感染率还是比较高的，被感染后也可出现对肝脏的损伤。

25.2.3　其他动物的戊型肝炎

除上面记述犬外的其他动物，戊型肝炎病毒在一些非人灵长类动物（猕猴、食蟹猴、非洲绿猴、短尾猴、黑猩猩等）、啮齿类动物、猪、牛、羊、鹿、马、鸡中广泛分布和传播，但这些动物感染戊型肝炎病毒后多是表现为亚临床经过，通常不表现明显的临床症状。但一些非人灵长类动物被感染后，也常可表现出与人被感染所出现的极为相似的、典型的临床症状。

25.3　传播途径

戊型肝炎病毒的传播主要是粪—口途径，常见的方式是通过污染的水源和食物。暴发流行均由粪便污染水源所致，散发病例多是由污染的食物和饮品引起。戊型肝炎病毒主要存在于显性和隐性戊型肝炎患者的急性期粪便中，特别是在潜伏期的末期和急性期的早期患者的粪便中，并构成为主要的传染源。随粪便排出的病毒，污染环境、饮用水源、食物、用具等，通过粪—口途径进行传播。一些非人灵长类动物（猕猴、食蟹猴、非洲绿猴、短尾猴、黑猩猩等）虽可感染戊型肝炎病毒，但作为传染源的意义可能不大。另外，也可通过日常生活的接触传播，也存在通过输血感染的可能。

25.4　防治原则

对戊型肝炎的有效预防，重要的措施是以切断粪—口传播途径为主的综合性预防措施，包括保护水源不被粪便污染、加强食品卫生和个人卫生，提高环境卫生水平。加强对动物粪便的管理，做好无害化处理。对预防戊型病毒性肝炎来讲，在雨季和洪水之后保护水源尤为重要。

目前，尚无真正能够根治病毒性肝炎的特效疗法，所以，常常是采取一般及支持疗法为主的综合治疗方法，还有的是根据具体情况对症治疗。因戊型肝炎通常不会转为慢性的，所以常常是不需要抗病毒治疗的。

26　流行性出血热

流行性出血热（epidemic hemorrhagic fever，EHF）也称为肾综合征出血热（hemorrhagic fever with renal syndrome，HFRS），是由汉坦病毒（hantaan virus，HTNV）引起的人及多种动物的病毒（virus）感染病（infectious diseases），在动物多为带毒或隐性感染。汉坦病毒除引起肾综合征出血热外，还能引起汉坦病毒肺综合征（hantavirus pulmonary syndrome，HPS）。不同类型的感染病，是分别由不同型别汉坦病毒引起的。

流行性出血热是以鼠类为主要传染源、通过多种途径传播的自然疫源性传染病，临床以发热、出血和肾脏损害为三大主要特征。此病在我国和日本称为流行性出血热（我国至今还多是一直沿用这一病名）、在朝鲜和韩国称为朝鲜出血热（Korean hemorrhagic fever，KHF）、在欧洲一些国家称为流行性肾病（nephropathia epidemica，NE）。世界卫生组织（World Health Organization，WHO）于 1982 年在日本东京召开的一次出血热工作会议上，将其统一命名为肾综合征出血热。宠物的流行性出血热，有记述在犬和猫有发生。

26.1　病原特征

流行性出血热在 20 世纪 30 年代，在亚洲有流行，当时在我国黑龙江下游中俄边境交界地区、北欧斯堪的纳维亚国家最早发现。其病原汉坦病毒，是由韩国学者李镐汪等在 1976 年，用恢复期患者血清，以间接免疫荧光技术在韩国汉坦（Hantaan）河流域捕获的黑线姬鼠（*Apodemus agrarius*）肺脏组织中检出的，并首次分离出了此病毒，所以就检出地（汉坦）称为了汉坦病毒。流行性出血热广泛流行于亚洲、欧洲、非洲等国家，包括亚洲所称的流行性出血热及欧洲所称的流行性肾病，我国也是严重疫区。

汉坦病毒为布尼亚病毒科（Bunyaviridae）、汉坦病毒属（*hantavirus*）的病毒，成熟的病毒颗粒为圆形或卵圆形、有囊膜、直径多在 78～240nm（平均约在 120nm）。病毒基因组由 3 个负链 RNA 环状分子所组成，即含大、中、小 3 个节段。1994 年，国际病毒命名委员会（International Committee on Taxonomy of Viruses，ICTV）按汉坦病毒分子结构对汉坦病毒的分类提出了病毒型、亚型方面的建议，按此建议，截至目前已发现的汉坦病毒至少有近 30 种血清型或基因型，比较明确的有 9 个（Ⅰ—Ⅸ型）病毒基因型，引起流行性出血热的包括汉坦病毒（属于Ⅰ型）、属于Ⅴ型的多布拉伐—贝尔格莱德病毒（Dobrava‐Belgrade virus，DOBV）、属于Ⅱ型的汉城病毒（Seoul virus，SEOV）、属于Ⅲ型的普马拉病毒（Puumala virus，PUUV）。不同型别的汉坦病毒对人的致病性存在差异性，在我国流行的流行性出血热，主要是由汉坦病毒引起的姬鼠型出血热和由汉城病毒引起的家鼠型出血热。

汉坦病毒对一般的脂溶剂（乙醚、氯仿、丙酮、去氧胆酸钠等）和消毒剂（来苏尔、75%酒精、2.5%碘酒等）等敏感，可容易被灭活。对紫外线敏感，不耐酸（pH值=5以下易被灭活）。对温度具有一定的抵抗力，在血液中于4℃可保存1年的时间，在室温条件下可保存3个月，于37℃或日照条件下可保存24h，经56℃加热40min或60℃加热10min或100℃加热1min可被灭活。

26.2 感染类型

流行性出血热的病程，常常会表现出一定的阶段性。主要临床症状是发热，在退热后会出现明显的中毒症状。

26.2.1 人的流行性出血热

不同性别、年龄及职业的人群普遍易感，尤以农民、野外作业者的感染率较高。大部分呈隐性感染，仅有少数感染者会表现有临床症状的发病。发病主要集中在29~55岁的人群，通常是男性多于女性。病后能够获得持久性免疫力，再次感染发病者少见。发病的潜伏期为4~60d，一般在7~14d。典型病例的发病经过，可表现为发热期、低血压休克期、少尿期、多尿期、恢复期5期经过。

在发热期，主要表现为发热、全身性中毒症状、毛细血管及小血管损伤、肾脏损害等。全身性中毒症状，主要表现为出现头痛、腰痛、眼眶痛的"三痛"症状，消化道症状，乏力，出血，充血，水肿等。低血压休克期，是有多数患者会在发热末期或退热时，出现低血压或休克症状。少尿期的主要临床表现，主要为尿毒症、酸中毒、水和电解质紊乱、出血及高血容量综合征。多尿期是肾小球滤过功能改善，但新生的肾小管再吸收功能障碍，体内潴留的尿素氮等物质引起高渗性利尿作用，使尿液量明显增多。恢复期是患者的尿液量、精神状态、食欲等基本得到恢复，各项检查指标也基本恢复正常。

26.2.2　宠物的流行性出血热

犬和猫被汉坦病毒感染后，有的可发生显性感染。有少数被感染的犬、猫，会出现上呼吸道卡他和胃肠道卡他的前驱症状，典型发病的会在经短期发热后，相继发生休克、出血和急性肾衰竭等病理损伤。

26.2.3　其他动物的流行性出血热

除上面记述犬和猫外的其他动物，还有多种动物可以自然感染汉坦病毒，包括黑线姬鼠等多种鼠类、家兔、犬、猫及家禽等，但一般为隐性感染。这些动物也是汉坦病毒的储存宿主和传染源，其中，主要为啮齿类动物。

26.3　传播途径

汉坦病毒有多种传播途径，其中，以动物源性传播为主，即人在接触汉坦病毒宿主动物的排泄物、分泌物后可被感染（特别是在伤口处）。此外，是带毒动物的排泄物及分泌物（尿液、粪便、唾液等）污染尘埃形成的气溶胶，能够通过呼吸道感染人。还有是通过消化道途径，即因食入被宿主动物排泄物、分泌物等污染的食物被感染。也存在带毒虫媒（革螨、恙螨等）叮咬、或被带毒鼠咬伤引起感染。孕妇被感染发病后，可经胎盘途径感染胎儿。

26.4 防治原则

注意灭鼠、灭螨，是控制流行性出血热发生与流行的有效措施。要防止鼠类排泄物污染食品，不要直接接触鼠类及其排泄物。平时要注意搞好环境卫生、加强食品卫生及其管理、实施消毒措施和个人卫生及感染防护等。在高发病区和其他疫区高危人群（尤其是与鼠类及野外疫源地接触机会多的人群）中，接种流行性出血热疫苗，也是必要的措施。

治疗要及时，早期治疗要使用抗病毒药物及合理的对症治疗及支持疗法，其后要针对病情具体情况进行综合性治疗，要特别注意对并发症的治疗。目前，还没有用于治疗流行性出血热的特效药物。

第三部分

真菌感染病

◇ 在此部分中，共记述了 7 种由病原真菌（fungi）引起的感染病（infectious diseases）。其中，1 种是由霉菌（mold）类真菌引起的，2 种是由酵母菌（yeast）类真菌引起的，4 种是由双态性真菌（dimorphic fungi）引起的。分别记述了这些真菌病（mycosis）的病原特征、感染类型、传播途径、防治原则 4 个方面的内容。

27 皮肤真菌病

皮肤真菌病（dermatomycosis）也称为表面真菌病（mycosis），是指由某些病原真菌（fungi）侵染人及多种动物的角质化组织的真菌感染病（infectious diseases）。

无论是人的还是动物的皮肤真菌病，主要表现是侵害毛发、羽毛、皮肤、指（趾）甲、爪、角、蹄等角质化组织，多数是以局部剧烈炎症、脱毛、脱鳞屑、渗出、形成痂块以及有痒感为主要临床特征，是一类慢性、局部性及浅表性的真菌病，特征表现是病程持久和难以治愈。宠物的皮肤真菌病主要发生于犬和猫，病原真菌主要是小孢子菌属（*Microsporum*）的犬小孢子菌（*Microsporum canis*），并与人是共染的。

27.1 病原特征

病原皮肤真菌中的小孢子菌属和毛癣菌属（*Trichophyton*）真菌，在属内均含有多个种（species），多是对人及动物均有致病性，比较多见的是红色毛癣菌（*Trichophyton rubrum*；附图20，源自 http：//www. fshospital. org. cn）和犬小孢子菌（附图21，源自 http：//baike. baidu. com）。表皮癣菌属（*Epidermophyton*）内仅含有絮状表皮癣菌（*Epidermophyton floccosum*）1个种，仅对人有致病性。

小孢子菌属为丝状嗜角质真菌，产生有隔膜的菌丝、小型分生孢子（卵圆形或棒状）和大型分生孢子（纺锤状），孢子柄呈隔膜状。毛癣菌属产生有隔膜、透明的菌丝，小型分生孢子（葡萄串状或梨形或棒状）、大型分生孢子（长棒状或细梭状）和节分生孢子。絮状表皮癣菌为丝状真菌，菌丝分隔、透明，产生大型分生孢子（杵状），常是不产生小型分生孢子。

皮肤真菌广泛存在于大气、土壤、动植物的体表、人及动物的粪便、地板表面等处，对外界因素的抵抗力极强，对干燥的耐受性更强。100℃干热处理1h才被杀死，对湿热的抵抗力不是很强。在日光照射或于0℃以下时，可存活数月之久。附着在厩舍、器具、桩柱上面的皮屑中的真菌，经5年时间还仍然保持有感染力。在垫草和土壤中的真菌，有时可被其他生物因素所消灭。对常用的苯扎溴铵、漂白粉、强去污剂等常用消毒剂，通常比较敏感。一般对常用的抗菌类药物不敏感，对制霉菌素、灰黄霉素、咪唑类药物等抗真菌药物较敏感。

27.2　感染类型

人的皮肤真菌病，常是根据其感染部位的不同，分别称为头癣，以及体癣、股癣、手足癣、甲癣等；动物的皮肤真菌病，常是根据其病变部位所表现的特征，分别称为钱癣、脱毛癣等。

27.2.1　人的皮肤真菌病

人的皮肤真菌病也常统称为癣（tinea），疾病名称也涉及感染部位、感染扩散到的其他区域等。受侵害的部位不同，临床表现也不甚一致，瘙痒是最为常见的症状。皮肤损伤常是以炎症为特征，在边缘尤其严重，且常常是伴有红斑、鳞屑，偶尔还形成水泡。在体癣有时可见到中央部位消退，产生特征性的金钱状损伤。在头皮和面部，其毛发脱掉。

临床常见的包括发生在头部的头癣，发生在躯干、四肢和脸部的体癣或钱癣，发生在须面部的须癣，发生在面部无须处的面癣，发生在腹股沟部位的股癣，发生在趾间、足底和脚侧表面的脚癣，发生在单侧手或双侧手的手癣，发生在指甲的甲癣等。病原真菌涉及多种，其中，有的种真菌可引起多种癣病发生，有的种真菌则是仅引起某种癣病发生。作为宠物犬和猫皮肤真菌病的病原犬小孢子菌，也是人的头癣、体癣或甲癣、须癣、手癣等癣病的病原真菌。

27.2.2　宠物的皮肤真菌病

犬的皮肤真菌病常见于幼龄犬，成年犬的感染是不多见的。感染损伤可出现在全身各个部位，多是发生于爪、头皮、耳廓等处。常表现为小的环状脱毛区，损伤的中心部位常伴有灰白色的皮肤鳞屑，边缘常呈红斑状，后期可出现结痂、肿胀，单个损伤部位连在一起可形成大的、不规则的肿块。基本特征为局部严重的炎症和伴有肿胀，具有自限性。其病原真菌，主要是犬小孢子菌。

猫的皮肤真菌病极少或不产生感染损伤，尤其是长毛成年猫常为亚临床带菌。某些患猫可能会出现微小的感染损伤，表现为毛短茬、秃毛、有鳞片或红斑。临床常见于幼龄猫，早期感染损伤多见于面部、耳和爪部。有的患猫会出现瘙痒性粟状皮肤炎，发生在一处、或多处的表皮或皮下结节，此类感染常见于长毛猫。皮肤真菌病发生在短毛猫时具有自限性，通常可在数周到数月内自愈；发生在长毛猫时则常是呈持续性感染，表现或不表现临床症状。其病原真菌，几乎仅为犬小孢子菌。

27.2.3 其他动物的皮肤真菌病

除上面记述犬和猫外的其他动物，皮肤真菌病还常见于牛、马、羊、猪、兔、鸡等。病变特征为在皮肤上形成圆形或不规则圆形的脱毛区，并覆盖有鳞状皮屑或痂皮。动物的皮肤真菌病，可能引起或不引起瘙痒；以幼龄动物容易被感染发病，成年动物的无症状感染比较普遍。

27.3 传播途径

感染可通过接触分节孢子（寄生阶段菌丝上的无性孢子）或分生孢子（自由生长阶段产生的有性或无性孢子）后发生，感染常常是始于生长中的毛发或皮肤的角质层。菌丝扩散到毛发和角化皮肤，甚至可产生具有感染性的分节孢子。皮肤划伤或擦伤，可促使皮肤真菌生长和造成局部感染、并侵入表皮和毛囊。

通过接触有症状或无症状的宿主，直接或通过空气接触感染性毛发或皮屑等，均可造成在宿主间的传播。在环境中，存在于毛发和皮屑中的感染性孢子可存活数月到数年，刷子和剪刀等被污染物是重要的传染源。多种动物的皮肤真菌，均能通过直接接触或环境污染传染给其他易感动物及人；对于宠物犬和猫（尤其是猫）来讲，犬小孢子菌是最为常见的菌种，可通过接触传染给其他易感动物和人、患病的人和其他动物也可传染给犬和猫。

27.4 防治原则

对环境和污染物要彻底清理，以清除带有病原真菌的毛发和皮肤鳞屑等，并进行消毒处理。在与感染动物接触时，要做好个人防护。对发病宠物要隔离治疗，并对其污染物采取有效的消毒处理措施。

对人的癣病治疗，通常是根据发生在不同部位的癣，采取局部药物治疗以及全身性抗真菌治疗。动物的皮肤真菌病常常是自限性的，采用局部处理以及全身性抗真菌治疗，可加速康复、减轻损伤部位的扩散和传播病原真菌。

28 隐球菌病

隐球菌病（cryptococcosis），是指由隐球菌属（Cryptococcus）的某种病原隐球菌引起的真菌（fungi）感染病（infectious diseases），但主要指的是由新生隐球菌（Cryptococcus neoformans）引起的人及多种哺乳类动物均可被感染的真菌病（mycosis）。

由新生隐球菌引起的隐球菌病，在人多是表现为全身感染，但主要是侵害中枢神经系统，其次为肺部、皮肤、骨骼等部位。动物被感染后，多是表现为某种组织器官的炎性反应。宠物的隐球菌病，主要是发生于犬和猫。

28.1 病原特征

隐球菌亦称隐球酵母，属于酵母菌（yeast）类真菌。在隐球菌属内包括多个种（species），其中的多数为条件病原菌（opportunistic pathogen）。临床最为常见的是新生隐球菌，另外是浅白隐球菌（Cryptococcus albidus）和罗伦特隐球菌（Cryptococcus laurentii）等。

隐球菌不同于其他酵母菌的特征是缺乏假菌丝，对糖类和硝酸盐有同化作用，产生盐酸苯丙醇胺、黑色素和尿素酶等。新生隐球菌呈圆形或卵圆形，其在组织中的较大（直径 5.0 ~ 20.0μm）、人工培养物的较小（直径 2.0 ~ 5.0μm），以芽生方式进行繁殖，不产生菌丝体。多是在寄生状态下能形成多糖类厚荚膜，并与新生隐球菌的致病性直接相关（附图 22、附图 23，源自 http：//image. haosou. com）。

新生隐球菌首先由圣费利切（Sanfelice）于 1894 年在桃汁中发现，是布塞（Busse）和布施克（Buschke）在 1895 年分别证实了对人、动物的致病性。新生隐球菌的分布非常广泛，主要存在于土壤、腐烂的水果及蔬菜、植物表皮、多种动物（马、牛、犬、猫、鸟类等）皮肤表面、牛奶、胃肠道及粪便中，属于腐生或寄生性真菌。尤其是在鸽子的粪便中存在大量新生隐球菌，在干燥的鸽子粪便中可存活数年之久。新生隐球菌对外界环境具有较强的抵抗力，经日光照射 5d 仍然具有活力，经 80℃ 加热 10min 才可被杀死。

28.2 感染类型

由新生隐球菌引起的隐球菌病分布于世界各地，主要是侵害中枢神经系统，在机体免疫功能低下时可向全身播散，发生脑膜炎、脑炎、脑肉芽肿等。此外，还可侵入骨骼、肌肉、淋巴结、皮肤、黏膜等引起慢性炎症和脓肿等。

28.2.1 人的隐球菌病

通常情况下，正常健康者对新生隐球菌具有较强的抵抗力，暴露于存在新生隐球菌的环境中也极少被感染发病。常常是在机体抵抗力下降时（尤其是存在基础疾病者），新生隐球菌才易侵入体内引起感染。

感染可发生于任何年龄组，通常均是呈散发性存在。根据临床表现，可分为以下几种主要类型。①中枢神经系统隐球菌病：中枢神经系统隐球菌病，是新生隐球菌在临床最为常见的感染类型，属于一种中枢神经系统亚急性或慢性深部真菌病。根据主要临床症状、体征等，可分为新生隐球菌脑膜炎（cryptococcal neoformans meningitis，CNM）型、脑膜脑炎型、肉芽肿型。其中，以 CNM 最为常见，也是最为常见的真菌性脑膜炎，感染主要为侵害脑膜，表现为脑膜刺激征。脑膜脑炎型的除了脑膜受累外，还有脑实质受累，常是因受累部位的不同表现出相应部位的症状和体征。肉芽肿型是比较少见的，可因颅内肿块压迫造成相应的神经系统症状和体征。②肺隐球菌病：肺部常常是隐球菌的侵入门户，所以，肺部症状可能为隐球菌病的最早表现。有半数以上患者会出现咳嗽、咳痰、胸痛、体重减轻、发热等症状，肺组织出现程度不同的病变，也可经血行播散引起中枢神经系统或全身各系统感染。免疫受损的患者表现病程短，且往往是很快出现播散性感染。③皮肤隐球菌病：皮肤隐球菌病多数为继发性感染，原发性感染是少见的。有的播散性感染患者可发生皮肤黏膜损害，皮肤损害常常是发生于头部，也可累及到躯干或四肢。④骨骼隐球菌病：有的播散性感染患者可发生骨髓炎，全身骨骼皆可受累，但多是出现单一的局限性损害，病变多是发生于骨的突出部，以颅骨、脊椎骨为多见。

28.2.2　宠物的隐球菌病

犬和猫被新生隐球菌感染后，可表现出呼吸系统、全身性和眼内症状。通常表现为咳嗽、呼吸困难，可在鼻黏膜、鼻甲、鼻窦和邻近骨结构中发生肉芽肿性的破坏性过程，以及脑膜炎等。病犬还常可出现脑炎症状，表现出运动失调、转圈、抽搐、呕吐等。幼龄猫可出现不规则的脱毛症状，并可很快扩散。

28.2.3 其他动物的隐球菌病

除上面记述犬和猫外的其他动物，猪、牛、马、羊、兔等家畜，禽类，雪貂、猴、树袋熊、豚鼠等野生动物，对新生隐球菌均易感染发病。临床以多种症状和亚临床感染为多见，常常是缺乏特征性临床表现，仅是多为呼吸困难及上呼吸道症状。牛、羊可发生乳腺炎，表现乳腺及淋巴结肿大。

28.3 传播途径

通过呼吸道感染是主要传播途径，人或动物通常均是通过吸入空气中的新生隐球菌后发生感染。存在于土壤、粪便中的新生隐球菌，可随尘埃被吸入后感染发病。另外是也有通过体表外伤直接侵入体内引起感染，还存在通过口腔发生肠道感染的。

鸽子粪便中存在的大量新生隐球菌，被认为是最为重要的传染源。鸽子是新生隐球菌的中间携带动物，在鸽子的嘴喙、足等部位均可分离到，但鸽子自身并无感染。土壤中的新生隐球菌，多是因鸽子粪便等鸟类排泄物污染的结果。

28.4 防治原则

对隐球菌病的有效预防，很重要的是平时注意保持个人和环境卫生，忌食腐烂水果和蔬菜。饲养家鸽要妥善管理，以免鸽粪污染环境和空气。对宠物排泄物、分泌物等要妥善处理，防止污染环境、尤其是空气。

对隐球菌病的治疗，包括使用抗真菌药物治疗、对症治疗、使用免疫增强剂治疗、手术治疗及对原发病的治疗等综合措施。抗真菌药物主要包括两性霉素 B（amphotericin B，AmB）、5-氟胞嘧啶（flucytosine，5-FC）、氟康唑（fluconazole，FLCZ）、伊曲康唑（itraconazole，ITCZ）、伏立康唑（voriconazole，VRCZ）、泊沙康唑（posaconazole）、咪康唑（miconazole，MCZ）等。

29　念珠菌病

　　念珠菌病（candidiasis）又称为假丝酵母菌病，是指由念珠菌属（*Candida*）的某种病原念珠菌引起的真菌（fungi）感染病（infectious diseases），但主要指的是由白色念珠菌（*Candida albicans*）引起人及多种动物（尤其是禽类）均可被感染的真菌病（mycosis）。

　　由白色念珠菌引起的念珠菌病，除皮肤和黏膜的浅部感染外，还可形成系统性感染，更严重的还可造成累及多个器官的播散性感染，表现为急性、亚急性或慢性感染类型。宠物的念珠菌病，主要发生于犬和猫。

29.1　病原特征

　　早在 19 世纪中叶就认识到了发生在人口腔黏膜的一种疾病，俗称鹅口疮（thrush），当时即发现在病变部位有真菌生长。在 1858 年，在羔羊口腔病变内也发现了同样的真菌。直到 1923 年，此真菌才被定名为白色念珠菌。此后的研究证明，此真菌可引起人、多种禽类和哺乳类动物的感染发病。

　　念珠菌亦称假丝酵母菌，属于酵母菌（yeast）类真菌。

在念珠菌属内包括多个种（species），其中的多个种均为条件病原菌（opportunistic pathogen），也是最为常见的条件致病真菌之一。临床最为常见的是白色念珠菌，另外，还有热带念珠菌（*Candida tropicalis*）、光滑念珠菌（*Candida glabrata*）、克柔氏念珠菌（*Candida krusei*）等，其中，以白色念珠菌和热带念珠菌的致病作用最强。

白色念珠菌具有双相菌的形态特征，酵母相的菌体为圆形或椭圆形，通常大小在 3～5μm，主要以芽生方式繁殖（附图24，源自 http：//image. haosou. com）。芽生孢子伸长可成类似菌丝状的假菌丝，在特殊环境中可形成菌丝。白色念珠菌为需氧菌，在病变组织和普通培养基中产生芽生孢子和假菌丝，不形成有性孢子。芽生孢子为传播形式，不引起临床症状，产生菌丝的芽生孢子通常为组织入侵形式。

念珠菌广泛存在于自然界中，是人及多种家养或野生动物消化道和泌尿生殖道的正常存在菌，在正常健康人群的皮肤、口腔、胃肠道、阴道等处，常有念珠菌的存在，并可构成内源性感染的来源，大多数深部念珠菌病患者是由于内源性感染所致。但在通常情况下并不致病，当机体生理状态发生特别改变时，可导致不同程度的感染发病，严重时甚至可危害生命。白色念珠菌多见于消化道和黏膜处，其他念珠菌则是多见于皮肤。在海水和污水、动物饲料、水果和乳制品等食品上常有念珠菌存在，人常可因误食被污染的食品导致被感染。

念珠菌对干燥、日光、紫外线及一般消毒剂的抵抗力较强。不耐热，经60℃加热处理1h后其孢子、菌丝均可被杀死。通常对常用的抗细菌类药物均不敏感，对制霉菌素、两性霉素B、5－氟胞嘧啶（flucytosine，5－FC）等抗真菌类药物，具有不同程度的敏感性。

29.2　感染类型

很多种念珠菌可引起皮肤、甲、口腔消化道和泌尿生殖道黏膜等的浅表感染，对免疫功能低下的可引起支气管、肺部、消化道或中枢神经系统感染、腹膜炎、心内膜炎、菌血症等深部感染，还在一定条件下可引起播散性的系统感染。

29.2.1　人的念珠菌病

通常情况下，正常健康者对念珠菌具有较强的抵抗力，暴露于存在念珠菌的环境中也极少被感染发病。常常是在机体抵抗力下降时（尤其是存在基础疾病患者），念珠菌才易引起感染。

通常是主要根据临床表现，可分为以下几种主要类型。①消化系统念珠菌病：临床常见的感染类型是念珠菌侵犯口腔黏膜，产生白色斑片，状似鹅口，所以，也称为鹅口疮，多见于婴幼儿患者。在消化系统的深部感染，主要表现为念珠菌性食管炎及肠炎，尤以肠炎比较多见。②呼吸系统念珠菌病：多是继发感染所致，主要表现为慢性支气管炎、肺炎、或表现出类似于肺结核（pulmonary tuberculosis）样的结节性浸润或空洞。③中枢神经系统念珠菌病：主要表现为念珠菌性脑膜炎，是相对比较少见的感染类型。④心血管系统念珠菌病：临床表现类似于亚急性细菌性心内膜炎，也可并发心肌炎、化脓性心肌炎和化脓性心包炎等。⑤泌尿生殖系统念珠菌病：念珠菌侵犯膀胱或肾脏，可引起肾盂肾炎或膀胱炎。子宫内的念珠菌感染，多是因在生殖道内的念珠菌经上行播散所致，羊水受到污染可使胎儿被感染。⑥骨骼肌肉系统念珠菌病：主要表现为念珠菌性关节炎、骨髓炎和肌炎，多是由念珠菌经血行播散引起的。⑦眼念珠菌病：多是指由念珠菌引起的内眼炎的深部感染，多见于因念珠菌经血行播散引起，偶见于眼睛外伤后发生的感染。⑧播散性念珠菌病：主要包括由念珠菌引起的菌血症，发生全身性皮肤损伤、系统损害的急性播散性念珠菌病，主要表现为肝脏和脾脏受损的慢性播散性念珠菌病（也常被称为肝脾念珠菌病）等。

29.2.2 宠物的念珠菌病

犬和猫被白色念珠菌感染后，可发生皮肤念珠菌病和鹅口疮。多是在口腔黏膜上形成大小不一的溃疡，溃疡表面覆盖有黄白色假膜，剥除假膜后可见容易出血的红肿粗糙溃疡面。

29.2.3 其他动物的念珠菌病

除上面记述犬和猫外的其他动物，猪、绵羊、牛等家畜和禽类（尤其是鸡）及多种野生动物（尤其是鸟类），均可被感染发生念珠菌病，以幼龄动物感染严重。感染包括多种类型，但主要为消化系统及呼吸系统感染，还可引起牛的乳房炎。

29.3 传播途径

念珠菌病患者和带菌者是主要的传染源，大多数患者是因内源性感染引起发病，尤其是在机体抵抗力下降或有某种基础疾病存在、营养不良、长期使用广谱抗生素类药物或皮质类固醇激素或免疫抑制剂等的情况下，存在于体表或体内的念珠菌可乘虚引起感染。人的念珠菌病的发生，也可因与污染物或发病动物的接触发生感染。念珠菌病常常会发生在人与人之间的传播，也可发生在人与动物之间的传播。

29.4　防治原则

对念珠菌病的有效预防，重要的是注意增强机体免疫力，注意保持环境及个人卫生，积极治疗可能诱发念珠菌病的原发疾病。饲养宠物，要特别注意对其排泄物、分泌物等妥善处理。

对人的念珠菌病治疗，包括使用抗真菌药物治疗、对症治疗、使用支持疗法及对原发病的治疗等综合措施。抗真菌药物主要包括两性霉素 B（amphotericin B，AmB）、5 - 氟胞嘧啶（flucytosine，5 - FC）、氟康唑（fluconazole，FLCZ）、伊曲康唑（itraconazole，ITCZ）、伏立康唑（voriconazole，VRCZ）、制霉菌素、酮康唑（ketoconazole）等。对动物的念珠菌病治疗，还主要是使用抗真菌药物。

30 球孢子菌病

球孢子菌病（coccidioidomycosis）又称为球孢子菌肉芽肿（coccidioidal granuloma）、溪谷热（valley fever）、圣华金溪谷热（San joaquin valley fever）、沙漠热（desert fever）、沙漠风湿综合征（desert rheumatism syndrome），是指由球孢子菌属（*Coccidioides*）的粗球孢子菌（*Coccidioides immitis*）引起的真菌（fungi）感染病（infectious diseases），是人及多种哺乳类动物均可被感染的真菌病（mycosis）。

球孢子菌病是一种慢性、全身性深部感染真菌病，主要是累及肺脏，也可播散到全身各内脏器官及组织，主要特征病变是在感染部位形成化脓性肉芽肿。宠物的球孢子菌病，主要发生于犬和猫（尤其是犬最易感）。

30.1 病原特征

最早对球孢子菌病的认识，是在 1892 年首先从 1 名阿根廷患者的病变组织切片中发现了这种粗球孢子菌。1894年，是索恩（Thorne）发现了第二例患者，并将其定名为"球孢子菌脓肿"。1896 年，里克斯福德（Rixford）和吉尔克里斯特（Gilchrist）在美国加利福尼亚州发现了数百例患者。在1900年确认了此病的病原是一种真菌，直到1932年才由阿尔梅达（Almeide）将其正式命名为球孢子菌病。

球孢子菌病常常表现具有一定的地域分布特征，主要是在美国西南部、墨西哥北部、中美洲及南美洲的部分炎热并干燥地区流行，也是在美国西南部的地方性流行病。

粗球孢子菌又称为厌酷球孢子菌，是一种双态性真菌（dimorphic fungi），在自然环境及培养基中形成丝状分隔菌丝体，以断裂成链状关节孢子的菌丝形式存在，关节孢子大小在 2~5μm，常可飘扬在空气中，易被吸入后引起发病；在机体组织中形成特征性的厚壁球形体，又称为孢子囊，直径在 20~100μm，内含大量直径在 2~4μm 的内生孢子。孢子囊破裂后释放出内生孢子，内生孢子增大成熟为小球体。

粗球孢子菌的生存能力很强，在土壤表层下 10~30cm 中以菌丝形态生长，菌丝断裂成为具有传染性的关节孢子。对干燥、日光、紫外线的耐受性较强，在 4℃干燥环境中可存活数年之久，对甲醛较敏感，一般经60℃加热处理 1h 可被杀死。

30.2 感染类型

通常情况下，半数以上免疫力正常的球孢子菌病患者不表现临床症状，另外的患者可呈现出类似于由流行性感冒病毒（influenza virus）引起的流行性感冒（influenza）样、肺炎、感染性休克等多种表现。动物的球孢子菌病，多呈隐性感染经过。

30.2.1 人的球孢子菌病

任何年龄组的均可被感染，但多发生于老年人。通常是儿童患病后的症状表现较轻，成人被感染后的大多数缺乏自觉症状。仅有少数被感染者可播散到全身，表现病情严重。

感染可累及肺脏、皮肤、皮下组织、淋巴结、骨骼、关节、内脏器官及脑组织等，多见于中年人。通常潜伏期在 $7\sim28d$（平均为 $10\sim15d$），有的潜伏期很长（可达1个月到12年）。通常可根据球孢子菌病的临床表现，分为4种感染类型。①原发型皮肤球孢子菌病：此类感染比较少见，多是因发生外伤后接触了粗球孢子菌引起感染，表现为局部皮肤发生丘疹、结节，表面糜烂，可沿淋巴管继发出现散在结节，常见邻近的淋巴结肿大。还可播散到全身，侵犯内脏器官。②原发型肺部球孢子菌病：初次吸入粗球孢子菌的关节孢子后可引起肺部感染，约有近半数的被感染者可在经 $1\sim4$ 周的潜伏期后逐渐出现临床症状。多数患者是表现出发热、胸痛、咳嗽、不适、寒战、盗汗、关节痛及厌食等流行性感冒样症状，可自行恢复。有的患者会在不同部位出现结节性或多形性红斑，通常经数周后可逐渐消退。③慢性进行型肺部球孢子菌病：慢性进行型肺部球孢子菌病通常表现出类似于结核病（tuberculosis）样的症状，在免疫功能受损并发球孢子菌病的情况下，患者常常是表现为急性进行性肺炎症状。④播散型球孢子菌病：播散型球孢子菌病是一种进行性、且常常是致死性的感染类型，通常多是发生在免疫功能受损患者、衰弱者及婴儿，播散可至皮肤、软组织、骨骼、关节、脑脊膜等一个或多个部位。

30.2.2　宠物的球孢子菌病

犬和猫的球孢子菌病，通常包括原发型感染和播散型感染类型。表现原发型感染的病犬、猫在产生有效的免疫力之前，可能会出现轻微的呼吸道症状，然后会自行恢复。不能产生有效免疫力的，损伤多是发生于皮肤和肺部，皮肤损伤常常是在局部形成硬结，继之会发展成为中心溃疡面，出现脓肿或流脓，相近淋巴结肿胀成硬结；肺部损伤主要是在支气管，有的伤及肺脏，出现咳嗽、呼吸困难、呼吸啰音等症状。犬被感染后比较容易表现出临床症状，且可在犬群中迅速传播，病犬肺脏及支气管或纵膈淋巴结发生肉芽肿。播散型感染的，多是由原发型感染的粗球孢子菌经淋巴、血流播散到全身其他器官形成，主要损伤肺脏、淋巴结、脾脏、肾脏、胃肠道等器官，临床表现发热、厌食、精神沉郁、消瘦、呼吸困难、腹泻等症状。骨骼、关节受到侵害时，可出现跛行和肌肉萎缩。通常情况下，猫对播散型感染的抵抗力比犬强。

30.2.3　其他动物的球孢子菌病

除上面记述犬和猫外的其他动物，牛、羊、马属动物、猪、骆驼、啮齿类动物、猴、猿、猩猩、鹿等均可被感染发病，其中，以牛比较多见。

30.3　传播途径

球孢子菌病为空气传播的传染病，通常在人—人、人—动物间无传播关系。易感的人或动物，多是通过吸入含有粗球孢子菌关节孢子的尘埃或间接接触污染物后被感染，或因发生外伤后接触了粗球孢子菌引起感染，与土壤接触多的被感染的几率高。

30.4 防治原则

有效预防球孢子菌病，最为重要的是除去各种诱因，不宜长期使用抗菌类药物。减少尘埃、控制尘土飞扬、戴防护口罩等，可有效控制被感染。对动物饲养环境加强通风、干燥，环境和场地经常消毒，是不可缺少的有效预防措施。

大多数原发型肺部球孢子菌病患者可自行恢复，且能产生很强的免疫力，通常只有很少新近感染患者需要治疗。慢性进行型肺部球孢子菌病患者，如果是肺部表现为较小的、无症状性空洞的，一般在 2 年内可自愈。进行性的播散型球孢子菌病，若不及时治疗会导致死亡。治疗可采用抗真菌类药物及手术疗法，手术治疗通常是用于对肺部大空洞的切除以及对感染组织的外科清创术。抗真菌类药物，主要包括两性霉素 B （amphotericin B，AmB）、酮康唑（ketoconazole）、伊曲康唑（itraconazole，ITCZ）、氟康唑（fluconazole，FL-CZ）、泊沙康唑（posaconazole）等。

31 组织胞浆菌病

组织胞浆菌病（histoplasmosis）又称为达林氏病（Darling's diseases），是指由组织胞浆菌属（*Histoplasma*）的荚膜组织胞浆菌（*Histoplasma capsulatum*）引起的一种真菌（fungi）感染病（infectious diseases），是人及多种动物（主要是哺乳类动物）均可被感染的真菌病（mycosis）。

组织胞浆菌病是一种呈急性或慢性、进行性、全身性深部感染真菌病，以网状内皮系统或肺脏被侵害为主、也可播散到全身各内脏器官及组织，主要特征是在肺部发生病变。宠物的组织胞浆菌病，主要发生于犬和猫（尤其以犬最易感）。

31.1 病原特征

人的组织胞浆菌病，最早是在 1906 年由巴拿马的达林（Darling）在巴拿马运河区检查由黄热病病毒（yellow fever virus）引起的黄热病（yellow fever）时首先发现和描述的，他当时在 1 名患者的肺脏、肝脏、脾脏、淋巴结中均发现了病变，并将其病原体称为组织胞浆菌。直到 1933 年，才由汉斯曼（Hansmann）等研究者分别将组织胞浆菌鉴定为真菌，并描述了这种真菌的培养特性。

荚膜组织胞浆菌是一种双态性真菌（dimorphic fungi），包括荚膜组织胞浆菌荚膜型变种（*Histoplasma capsulatum* var. *capsulatum*）和荚膜组织胞浆菌杜波依斯型变种（*Histoplasma capsulatum* var. *duboisii*）。荚膜组织胞浆菌荚膜型变种即通常所指的荚膜组织胞浆菌，荚膜组织胞浆菌杜波依斯型变种也被称为杜波依斯组织胞浆菌（*Histoplasma duboisii*）。两个变种的菌丝相（腐生型）很难区别，但酵母相（寄生型）有所不同，通常是杜波依斯型变种在组织中的酵母型细胞比荚膜型变种的大且壁厚。

荚膜组织胞浆菌杜波依斯型变种，是由杜波依斯（Dubois）于1952年在南非首先发现的。荚膜组织胞浆菌杜波伊斯型变种的分布具有一定的区域特征，通常是仅限于非洲大陆的中部地区，主要集中于非洲撒哈拉和喀拉哈利两大沙漠之间的20个非洲国家中，由其引起的组织胞浆菌病也被称为非洲型组织胞浆菌病。

荚膜组织胞浆菌在组织内寄生的为有荚膜的酵母型，呈直径在 $1 \sim 5 \mu m$ 的卵圆形，存在于巨噬细胞内，也可存在于大单核细胞、多核白细胞内或细胞外。在自然界或室温培养条件下为菌丝型，菌丝体具有很强的传染性。

在自然条件下，组织胞浆菌可长期存活于流行地区富含有机质的土壤中，尤其是在鸡笼（舍）、粮仓、地窖、蝙蝠洞穴周围的土壤中，在被污染鸡舍、蝙蝠洞穴的空气中也存在。

31.2　感染类型

通常情况下，组织胞浆菌病为全身性、高度接触性传染的传染病，可引起原发性的皮肤、皮下组织及肺部病变，发生化脓、溃烂等。也可经由血流播散到全身，主要累及肝脏、脾脏、骨髓、淋巴结等单核吞噬细胞系统，也可侵害肾上腺、骨骼、皮肤、胃肠道等组织器官。动物的组织胞浆菌病多呈隐性感染经过，通常仅有犬和猫会出现临床症状。

31.2.1　人的组织胞浆菌病

人群对组织胞浆菌病普遍易感，但以婴幼儿、40岁以上的成人及老年患者多见。通常是肺脏首先被侵害，然后波及到肝脏、脾脏、淋巴结的单核—巨噬细胞系统，也可侵害肾脏、中枢神经系统和其他组织器官。

正常人吸入组织胞浆菌后，常常是仅引起一过性的肺部感染；在易感个体可导致肺部的慢性感染，或更广泛的感染。通常可根据组织胞浆菌病的临床表现，分为4种感染类型。①急性肺组织胞浆菌病：有许多正常人在吸入少量荚膜组织胞浆菌的孢子后，通常并不引起任何症状。但若吸入大量孢子后经1~3周的潜伏期，会引起急性、有症状或严重的感染。多数有症状患者表现为由流行性感冒病毒（influenza virus）引起的流行性感冒（influenza）样症状，在1~3周内可自愈。有少数患者会表现为无菌性关节炎或关节痛，并伴有多形性或结节性红斑。多数患者会出现肺门淋巴结肿大，胸腔有渗出液。②慢性肺组织胞浆菌病：在慢性肺组织胞浆菌病患者，会出现肺组织纤维化和大量肺组织被破坏所致的空洞，最主要的临床表现是发热、咳嗽和多痰，有的会咯血。③播散性组织胞浆菌病：多见于免疫抑制患者和幼儿，常常是呈进行性、致死性经过。免疫抑制患者和幼儿的播散性组织胞浆菌病，常常表现出高热、寒战、衰弱、不适、食欲不振、消瘦等症状。在免疫功能正常的患者，常常表现为进行性、慢性过程，有半数以上患者会出现口腔、喉部等部位的黏膜溃疡，也有少数患者会伴发脑膜炎、心内膜炎等。④非洲型组织胞浆菌病：表现缓慢发病，主要感染部位是皮肤和骨骼。感染局限者仅有皮肤或皮下组织的一处损伤，表现为丘疹、结节、湿疹样或银屑病样的皮肤损伤，或为单独的骨骼损伤，最后常常是自愈。播散者可累及皮肤、淋巴结、骨骼、肠道和腹部器官。皮下组织损伤，会出现皮下脓肿或肉芽肿。

31.2.2　宠物的组织胞浆菌病

犬和猫的组织胞浆菌病，也有原发性和播散性的感染类型。犬是组织胞浆菌病的最易感动物，猫仅次于犬。原发性的多是在肺脏和支气管淋巴结，通常无临床症状，或出现慢性咳嗽和轻度呼吸困难。播散性的可出现消瘦、顽固性腹泻、呕吐、腹痛、贫血、腹水、慢性咳嗽、不规则发热等症状，还可出现肝脏、脾脏、淋巴结肿大。

31.2.3　其他动物的组织胞浆菌病

除上面记述犬和猫外的其他动物，牛、羊、马、猪、家兔等家畜和禽类及啄木鸟、臭鼬、狐、貂、猴等多种野生动物，均可被感染发生组织胞浆菌病。但通常为隐性感染。若发生播散性感染，则可出现渐进性消瘦、顽固性腹泻、咳嗽、贫血、不规则发热等症状。

31.3　传播途径

组织胞浆菌病的传染源，主要包括自然界带菌的禽类和鸟类（如鸡和鸽子等）、蝙蝠等，以及这些带菌动物粪便污染的土壤、尘埃等。荚膜组织胞浆菌的自然栖息地，主要就是富含鸟类和蝙蝠粪便的土壤。

人及动物的感染均来源于自然界，病人和发病动物的痰液、分泌物、排泄物中含有的荚膜组织胞浆菌，也是传染源。荚膜组织胞浆菌的菌丝体可产生小孢子，通过气流携带进入机体肺部引起感染，也可通过皮肤、胃肠道传播，但呼吸道是主要传染途径。人及动物均是因吸入含有荚膜组织胞浆菌的尘埃、或食入被荚膜组织胞浆菌污染（尤其是鸽子和其他鸟类、鸡的粪便）的食物后经呼吸道、皮肤、黏膜、消化道发生感染。

31.4　防治原则

有效预防组织胞浆菌病，最为重要的是除去各种诱因，尽量减少吸入尘埃及发生外伤的机会。减少尘埃、控制尘土飞扬、戴防护口罩等，可有效控制被感染。对动物饲养环境加强通风、干燥，环境和场地经常消毒，是不可缺少的有效预防措施。尤其是在鸟笼、鸡舍等处常常会有荚膜组织胞浆菌存在，要尽量减少接触。

急性肺组织胞浆菌病患者，多数可自愈。慢性肺组织胞浆菌病患者，有时可自愈，也有时可因进行性肺衰竭导致死亡。播散性组织胞浆菌病患者，如不治疗，可在数周内导致死亡。治疗可采用抗真菌类药物及手术疗法，手术治疗通常是用于对肺部大的空洞或肉芽肿性损伤的治疗。抗真菌类药物，主要包括两性霉素 B（amphotericin B，AmB）、酮康唑（ketoconazole）、伊曲康唑（itraconazole，ITCZ）、氟康唑（fluconazole，FLCZ）、泊沙康唑（posaconazole）等。

32 孢子丝菌病

孢子丝菌病（sporothricosis），是指由孢子丝菌属（*Sporothrix*）的申克氏孢子丝菌（*Sporothrix schenckii*）引起的真菌（fungi）感染病（infectious diseases），是人及多种动物（主要是哺乳类动物）均可被感染的真菌病（mycosis）。

孢子丝菌病以引起皮肤、皮下组织及其邻近淋巴系统的慢性感染为特征，主要累及四肢和颜面等暴露部位，表现为慢性肉芽肿性损伤，也偶可累及黏膜、肺部、脑膜、骨骼、关节以及其他内脏器官，是一种比较常见的皮下组织真菌病。宠物的孢子丝菌病，主要发生于犬和猫（以猫更为多见）。

32.1 病原特征

孢子丝菌病的第 1 例患者，是由申克（Schenck）于 1898 年首先在美国发现并报告的，同时分离出了病原孢子丝菌。当时的患者是一名 36 岁的男性，病变出现在臂部和右手，原发病灶在食指上，并沿淋巴管播散到了手臂。

申克氏孢子丝菌是一种双态性真菌（dimorphic fungi），广泛存在于自然界中，是主要存在于土壤、植物、木材、沼泽等处的腐生菌。在被感染的机体组织内以酵母细胞型的形式存在，呈直径约在 $10\mu m$ 的圆形、或为大小在（$1 \sim 3$）$\mu m \times$（$3 \sim 10$）μm 的长条形出芽细胞，并可引起发病。在室温条件下培养的可呈菌丝型，其菌丝有隔和有分枝，直径在 $1 \sim 2\mu m$。

32.2 感染类型

孢子丝菌病呈全球分布，常见于欧洲、南美洲和非洲，也是在南美洲最为常见的深部真菌病。此病多是因外伤引起感染，主要是侵害皮肤和皮下组织形成结节，结节继之软化、破溃后形成顽固性溃疡，偶可侵害黏膜以及其他组织器官。

32.2.1 人的孢子丝菌病

任何年龄组的均可被感染发生孢子丝菌病，但多发生于青壮年和儿童。感染发病具有比较明显的职业性特征，多见于在日常生活和工作中接触土壤、植物、垃圾、污水等的群体（如农民、园艺工作者、矿工、造纸工、清洁工等），以及兽医、饲养和接触宠物者。

人的孢子丝菌病，可根据主要感染部位和感染类型分为5 种：①皮肤淋巴管型孢子丝菌病：是最为常见的感染类型，其原发损害多是发生在四肢远端，常是在发生外伤 $1 \sim 4$ 周后，在原发部位皮下出现无痛性坚韧结节，逐渐隆起、皮肤表面红色，并进而可在中心部位出现坏死和溃疡、有稀薄脓液或覆有厚痂。其后结节可沿淋巴管呈向心性出现（排列成串），可延续直至腋下或腹股沟，但极少引起淋巴结炎。

②局限型皮肤孢子丝菌病：又称为固定型皮肤孢子丝菌病，是比较常见的感染类型，皮肤损害多是仅限于原发部位，不沿淋巴管播散，多是发生在面、颈等暴露部位。皮肤损害可表现为结节、肉芽肿、浸润斑块、卫星状丘疹、增殖溃疡、皮下囊肿、痤疮样损害、红斑鳞屑性损害等多种。部分皮肤损害可自愈，也有的持久不愈。③皮肤播散型孢子丝菌病：是少见的感染类型，多是由皮肤淋巴管型的发展而来，或通过血液播散所致。临床表现为全身各处散在多发性皮下结节，进而可形成脓肿、溃疡，愈合后形成增生性或萎缩性瘢痕。④皮肤黏膜型孢子丝菌病：有的患者会在口腔、咽喉或鼻腔等部位出现损害，起初为红斑、溃疡、化脓性损害，逐渐可变为肉芽肿性、赘生性或乳头瘤样损害。⑤内脏型孢子丝菌病：内脏型孢子丝菌病也称为系统型孢子丝菌病，属于皮肤外感染类型的孢子丝菌病。多见于存在基础疾病或易感素质者，多是由血行播散引起。吸入申克氏孢子丝菌的孢子可引起肺孢子丝菌病，还可侵害关节、骨骼、眼睛、中枢神经、心脏、肝脏、脾脏、胰脏、肾脏、睾丸及甲状腺等组织器官。

32.2.2　宠物的孢子丝菌病

动物的孢子丝菌病，临床表现与人的相似。一般是在伤口处发生原发病灶，多是位于四肢、头部和胸腹部。在真皮及皮下淋巴管形成圆形结节病变，结节破溃后可流出浓汁。犬在出现皮肤病变后，还可发生骨炎、关节炎或腹膜炎等。猫的孢子丝菌病可表现从亚临床直至严重的播散性病变，其皮肤病变常为多病灶，广泛分布的小丘疹结节呈坏死性、渗出性溃疡，病猫消瘦，有的还表现有呼吸道症状。

32.2.3 其他动物的孢子丝菌病

除上面记述犬和猫外的其他动物，牛、羊、马属动物、骆驼、野猪、兔、鸡、猴、鼠类等多种动物，均可被申克孢子丝菌感染发病。

32.3 传播途径

孢子丝菌病常常是因发生外伤后接触到有申克氏孢子丝菌污染的污染物后，申克氏孢子丝菌侵入并可引起皮肤及皮下组织的感染。在吸入申克氏孢子丝菌后，可引起肺部感染。当食入有申克氏孢子丝菌污染的蔬菜、水果等后，可引起黏膜感染。

孢子丝菌病患者及患病动物，也是重要的传染源。动物和人之间的传播是比较常见的，常常是动物通过抓咬或分泌物将申克氏孢子丝菌传播给人。在人与人之间的传播，是比较少见的。马是自然宿主，家猫是重要的带菌动物和传染源。

32.4 防治原则

有效预防孢子丝菌病，最为重要的是注意避免发生皮肤外伤及与带菌物的直接接触。特别注意防止宠物犬、猫的抓伤或咬伤，平时对动物饲养舍、环境定期消毒处理。注意保持环境卫生，随时清除腐烂的柴草、芦苇、腐殖土等。在发生外伤后，要严格消毒和及时治疗。

治疗孢子丝菌病，主要是依赖于使用抗真菌类药物。常用的主要包括碘化钾（常用 10% 碘化钾溶液）、伊曲康唑（itraconazole，ITCZ）、氟康唑（fluconazole，FLCZ）、两性霉素 B（amphotericin B，AmB）、特比萘芬（terbinafine）等。

33　芽生菌病

芽生菌病（blastomycosis）又称为吉尔克里斯特氏病（Gilchrist's diseases）、芝加哥病、北美芽生菌病，是指由芽生菌属（*Blastomyces*）的皮炎芽生菌（*Blastomyces dermatitidis*）引起的真菌（fungi）感染病（infectious diseases），是人及多种动物（人及犬科动物最为易感）均可被感染的慢性、全身性深部真菌病（mycosis）。

芽生菌病的感染特征，表现为肺脏几乎总是最先受累，皮肤是最为常见的肺部外感染部位，其次感染受累的组织器官为骨骼、前列腺和中枢神经系统，以化脓性和肉芽肿损害为特征。宠物的芽生菌病，主要发生于犬和猫。

33.1　病原特征

皮炎芽生菌是一种双态性真菌（dimorphic fungi），在自然界或室温条件下培养以菌丝形式存在，在感染的机体组织中呈直径约在 8~15μm 的圆形酵母型细胞生长，细胞壁厚，以出芽方式增殖，但并非所有的酵母型细胞都出芽。其出芽细胞和母细胞膨大的接触面增宽（宽基底），这就是"宽基底芽生"，皮炎芽生菌是在动物中唯一的以"宽基底芽生"

为繁殖特点的酵母型真菌。

芽生菌病最早由吉尔克里斯特（Gilchrist）于 1894 年首先发现，当时是从美国费城 1 名患者的皮肤组织切片中观察到了此病原真菌；几年后又从 1 例患者分离到了此真菌，并于 1898 年将其命名为皮炎芽生菌。第 1 例动物的芽生菌病，是于 1912 年报告在犬的发生，并于 1936 年从犬分离到了皮炎芽生菌。

芽生菌病具有一定的流行区域特征，美国中部及东南部、俄亥俄州、密西西比河谷盆地，加拿大部分区域、非洲部分地区，是芽生菌病流行区域。皮炎芽生菌的自然生活环境是土壤，最适于在富含有机废物的潮湿土壤或烂木中生长。

33.2　感染类型

芽生菌病的表现各异，主要包括无症状感染以及呈类似于由流行性感冒病毒（influenza virus）引起的流行性感冒（influenza）样疾病、急性或慢性肺炎、暴发感染性成人呼吸窘迫综合征（adult respiratory distress syndrome，ARDS）和播散性感染类型。

33.2.1　人的芽生菌病

任何年龄组的均可被感染发生芽生菌病，但在呈地方流行的病例通常多是发生在青年到中年人，以 30～59 岁的高发，男性多于女性。多是侵害常与土壤接触的户外工作者或郊游者，以及森林工作者、伐木工人和农民。

人的芽生菌病，潜伏期估计在 21～106d。可根据主要感染部位和感染类型，分为 2 种：①原发性肺型芽生菌病：急性肺型芽生菌病的临床表现类似于流行性感冒，多数患者能在症状持续 2～12 周后痊愈，也有患者会转为慢性肺部感染或播散性感染。慢性肺型芽生菌病的临床表现，类似于由结核分枝杆菌（*Mycobacterium tuberculosis*）引起的肺结核（pulmonary tuberculosis）。②播散性芽生菌病：播散性芽生菌病患者，可发生多种组织器官的不同类型感染。有的会发生皮肤芽生菌病，多是在面部、上肢、颈部和头皮处，出现呈无痛性、边界不规则的隆起疣状损害或溃疡。有些播散性芽生菌病患者会发生骨髓炎，多是发生在椎骨、颅骨、肋骨和长骨。骨骼损害常常会在相邻软组织形成脓肿，并播散到相邻关节，此种感染类型也称为骨关节芽生菌病。有的会发生肾皮质脓肿，男性患者会出现前列腺、附睾或睾丸受累，女性患者子宫内膜受累等，也称为泌尿生殖系统芽生菌病。通过血行播散到脑，会发生脑膜炎、脑脓肿、颅和脊髓硬膜外损害，也称为中枢神经系统芽生菌病。其他类型的播散性芽生菌病，包括肾上腺感染、眼内感染、淋巴腺炎等。

33.2.2　宠物的芽生菌病

犬的芽生菌病，临床症状与人的相类似，可分为皮肤型和全身型感染。皮肤型芽生菌病表现为单发性或多发性皮肤肉芽肿，最后在中心部位液化坏死和发生溃疡。全身型的主要表现为肺部疾患，病犬会有精神沉郁、发热、厌食、消瘦、呼吸困难、咳嗽等症状；肺脏出现结节，病变向周围扩散可使支气管和纵膈淋巴结肿大、化脓、甚至引起胸膜炎。另外是病犬常常会出现眼部疾患，甚至失明。

猫的发病率仅次于犬，但总的感染数量还是比较少的。

猫的症状类似于犬，常常表现为呼吸困难、视力缺损、渗出性皮炎等症状。比犬更容易出现大的脓肿，中枢神经系统的感染率比较高。

33.2.3　其他动物的芽生菌病

除上面记述犬和猫外的其他动物，主要是马、狮子、海豚、雪貂等动物也可被感染发生芽生菌病。

33.3　传播途径

皮炎芽生菌病的主要感染途径是呼吸道，是以通过吸入散在于空气中的皮炎芽生菌的孢子或菌丝段后引起感染。另外，是皮肤伤口也是一种感染途径。存在于土壤、鸟类粪便和腐烂植物中的皮炎芽生菌，导致土壤、空气和环境的污染，是主要的传染源。似乎是不存在人—人、人—动物、动物—动物间的直接传播形式。

33.4　防治原则

尽量避免吸入灰尘、减少接触带菌的腐烂草木及发生外伤的机会，是有效预防芽生菌病的重要措施。对饲养宠物的环境、场地（特别是泥土及粪便）等要经常消毒处理。

有不少急性肺型芽生菌病患者，表现无症状，不经治疗也可自愈。对所有出现症状的患者，均需治疗。治疗芽生菌病，目前，还主要是依赖于使用抗真菌类药物。常用的主要包括两性霉素 B（amphotericin B，AmB）、伊曲康唑（itraconazole，ITCZ）、氟康唑（fluconazole，FLCZ）、酮康唑

（ketoconazole）、伏立康唑（voriconazole，VRCZ）、泊沙康唑
（posaconazole）等。另外是对大的脓肿引流或脓胸引流、清
除局限性病灶、修补支气管胸膜瘘及清除骨髓炎坏死组织
等，需采用外科手术疗法。

第四部分

寄生虫感染病

◇ 在此部分中，共记述了 8 种由寄生虫（parasite）引起的感染病（infectious diseases）。其中，3 种是由原虫（protozoon）类寄生虫引起的，5 种是由蠕虫（worm）类寄生虫引起的。分别记述了这些寄生虫病（parasitosis）的病原特征、感染类型、传播途径、防治原则 4 个方面的内容。

34 弓形虫病

弓形虫病（toxoplasmosis）也常被称为弓形体病、弓浆虫病、毒浆原虫病等，是指由刚地弓形虫（*Toxoplasma gondii*）引起的原虫（protozoon）类寄生虫（parasite）感染病（infectious diseases），是人及多种动物均可被感染的一种寄生虫病（parasitosis）。

弓形虫病的特征，临床表现和病变多样，主要包括中枢神经系统、消化系统、呼吸系统、淋巴结等的组织器官损害，也是在食源性疾病（foodborne diseases）中比较常见的寄生虫病。宠物的弓形虫病，主要发生于猫和犬。

34.1 病原特征

刚地弓形虫是一种广泛寄生于人及多种动物的原虫，最初是在 1908 年由法国学者尼科勒（Nicolle）等在突尼斯的巴斯德研究所内饲养的一种北非刚地梳趾鼠的肝脏、脾脏单核细胞中发现的；因为此虫的滋养体似弓形、发现于刚地梳趾鼠体内，所以被定名为刚地弓形虫。同年，意大利细菌学家斯普伦多雷（Splendore）在巴西一个实验室的 1 只死兔体内发现了同样的虫体。1910 年，梅洛（Mello）在家犬体内也发现了此虫体。人类的弓形虫病，公认的是捷克医生扬库（Janku）于 1923 年首先报告的，他在布拉格 1 例死于先天性脑积水的幼儿视网膜切片中发现了刚地弓形虫的包囊，并指出先天性脑积水与刚地弓形虫存在病原学的关系。在早期，发现人的弓形虫病主要是先天性的。到了 20 世纪 40 年代才开始注意到后天获得性弓形虫病，那是在 1941 年萨宾（Sabin）等从 1 例患急性脑炎的 5 岁幼儿的脊髓中发现了弓形虫，此虫株也是目前世界上惯常采用的强毒代表株。我国是在 20 世纪 50 年代，于恩庶首先在福建发现了猫、兔等动物体内的弓形虫；自谢天华于 1964 年在江西发现第 1 例人的弓形虫病患者后，有关此病的报告逐渐增多；直到 1977 年后，陆续在上海、北京等地发现过去的"无名高热"是由弓形虫引起的，并引起了普遍的重视。

刚地弓形虫的生活史比较复杂，全过程包括滋养体（速殖体）期、包囊（缓殖体）期、裂殖体期、配子体期、卵囊期等 5 种形态期，全发育过程需要两类宿主（中间宿主和终末宿主）。其中的滋养体、包囊存在于刚地弓形虫发育的肠外期，见于中间宿主和终末宿主的非肠道组织；裂殖体、配子体、卵囊，见于终末宿主体内的肠内期。滋养体（速殖体）期、包囊（缓殖体）期、裂殖体期为无性生殖，配子体期、卵囊期为有性生殖。

猫科动物（如家猫）是刚地弓形虫的终末宿主兼中间宿主，其有性生殖仅在猫科动物的小肠上皮细胞内进行。人及其他多种动物（哺乳动物、鸟类、鱼类、爬行动物等）可以成为刚地弓形虫的中间宿主，刚地弓形虫在中间宿主体内仅能进行无性生殖。刚地弓形虫发育对宿主组织的选择性不严格，除红细胞外，可侵犯任何有核细胞。

在终末宿主体内的发育，是刚地弓形虫成熟的卵囊或包囊被猫科动物吞食后进入小肠（主要集中在回肠绒毛尖端的上皮细胞），囊壁被消化后释出速殖子、缓殖子、子孢子，随之侵入小肠上皮细胞并迅速生长、分裂形成裂殖子，这时称为成熟的裂殖体，通常在猫吞食包囊后的 3～7d 可查到这种成熟的裂殖体（附图 25，源自 http：//www. baike. com）。裂殖体破裂后释出裂殖子，侵入新的肠上皮细胞反复进行裂体增殖，形成第 2 代、第 3 代裂殖体，经数代增殖后，有部分裂殖子发育为雌、雄配子体，配子体继续发育为雌、雄配子，雌、雄配子受精成为合子，最后形成包囊。包囊脱出肠上皮细胞进入肠腔，随粪便排出体外。此时的卵囊尚未成熟，不具有感染性，在适宜的温度、湿度和氧气条件下经 2～4d 发育为成熟卵囊，才具有感染性。

在中间宿主体内的发育，是当猫排出的卵囊成熟后，或是动物肉类中的包囊或假包囊被中间宿主吞食后，子孢子、速殖子或缓殖子在肠内逸出，并通过血流或淋巴到肠外各器官、组织，如脑、心、肺、肝、淋巴结、肌肉等的细胞内反复进行繁殖形成假包囊。在机体免疫功能正常时，有一些速殖子侵入宿主细胞后，特别是在脑、眼、骨骼肌的组织的细胞内时，虫体增殖速度减慢，转化为缓殖子，并在其外形成囊壁成为包囊。包囊随着里面虫体的缓慢增殖逐渐增大，直至胀破宿主细胞成为游离的包囊。包囊可在宿主体内存活数月、数年甚至终生。包囊也可破裂释出缓殖子，进入血流和其他新的组织细胞继续发育增殖形成包囊。包囊内的缓殖子在机体免疫功能低下或长期应用免疫抑制剂时可转化为速殖子形成假包囊，进入急性感染期。包囊是在中间宿主之间，互相传播的主要感染阶段。

游离的速殖子呈香蕉形或半月形，大小在（4~7）μm×（2~4）μm。包囊为圆形或椭圆形，直径在5~100μm（图11，源自 http：//www. baike. com）。在包囊内含有数个至数千个滋养体，囊内的滋养体称为缓殖子，可不断增殖，但速度缓慢。在裂殖体内，含有4~29个呈香蕉形的裂殖子。雄配子体呈卵圆形或椭圆形，直径约在10μm；雌配子体呈圆形，大小在10~20μm。卵囊为圆形或椭圆形，大小在10~12μm。

图11　弓形虫包囊模式图

刚地弓形虫在不同的发育阶段对外界的抵抗力也不同，其中抵抗力最强的是卵囊。卵囊在室温条件下可存活3个月，在潮湿的泥土中可存活117d；对一般常用的酸、碱消毒剂，具有很强的抵抗力。卵囊在3%石炭酸、10%福尔马林、0.1%升汞、3%来苏尔、70%酒精溶液中浸泡48h，仍不能使其失去感染性。卵囊对热和干燥的抵抗力较弱，经50℃作用30min、80℃作用1min、90℃作用0.5min，即可使其失去感染性。粪便中的卵囊在自然界常温、常湿条件下，可存活1~1.5年。

34.2 感染类型

刚地弓形虫呈世界性分布，广泛存在于多种哺乳动物体内。在人及动物的刚地弓形虫感染也都是很普遍的，但绝大多数都是属于缺乏明显临床症状和体征的隐性感染。

34.2.1 人的弓形虫病

在人群中的刚地弓形虫感染无性别差异性，对免疫功能低下的人（如患有感染性疾病、恶性肿瘤患、施行器官移植、长期接受免疫抑制剂或放射治疗、有先天性或后天性免疫缺陷者）可造成严重后果。临床上可主要根据感染途径，将弓形虫病分为先天性和获得性的两种类型。①先天性弓形虫病：仅发生于初孕妇女，经胎盘感染胎儿。孕妇在怀孕期间感染弓形虫，可造成流产、早产、畸胎和死产。另外是母体内的弓形虫经胎盘传给胎儿（仅发生在母体存在虫血症的时候）后，这种先天性弓形虫病表现的典型临床症状和病变为脑积水、大脑出现钙化灶、视网膜脉络膜炎和精神运动障碍，也被称为先天性弓形虫病四联症，其中，三联是中枢神经系统病变。此外，还可伴有发热、皮疹、呕吐、腹泻、黄疸、肝脏和脾脏肿大、贫血、心肌炎、癫痫等。隐匿型先天性弓形虫病也较多见，婴儿在出生时无明显症状，但在神经系统或脉络膜视网膜有弓形虫包囊寄生，经数月、数年或至成人时才出现神经系统或脉络膜视网膜炎症状。②后天获得性弓形虫病：是在出生后被感染所致，其病情轻重不一，与虫体侵袭部位和机体免疫应答程度有关。显性感染的症状表现多样，病变常出现在淋巴结、中枢神经系统、眼及心脏等部位。最为常见的症状是淋巴结肿大，常累及颈部或腋窝部位；可伴有低热、头痛、咽痛、肌痛、乏力等；累及腹膜或肠系膜淋巴结时，可有腹痛。刚地弓形虫常累及脑和眼部，损害中枢神经系统，引起脑炎、脑膜脑炎、癫痫和精神异常等，可伴有高热、斑丘疹、肌痛、关节痛、头痛、呕吐等显著的全身症状。眼部的弓形虫感染多数为先天性的，后天所见者可能为先天潜在病灶活动所致，临床表现有视力模糊、盲点、怕光、疼痛、泪溢、中心性视力缺失等，多为双侧性病变。

34.2.2　宠物的弓形虫病

猫和犬的弓形虫病，临床可见有多种症状表现。犬发病后会出现发热、咳嗽、呼吸困难、精神委顿、眼和鼻有分泌物等，器官感染病变会出现肺炎病灶、淋巴结炎等。急性发病的，主要见于幼龄犬。猫发病后的临床表现与犬相似，急性的有持续发热、呼吸困难及脑炎症状，还会出现腹泻、肺炎等症状。

34.2.3　其他动物的弓形虫病

除上面记述猫和犬外的其他动物，易感家畜主要包括有猪、牛、羊、马、家兔、骆驼及禽类（鸡、鸭、鹅及野禽类）等，野生动物有猩猩、狒狒、狐狸、猴、野猪、鼠类等至少40种以上。表现明显发病的动物会出现发热、生长缓慢、消化系统及呼吸系统症状，繁殖动物会发生流产、死胎、非正常生产等。

34.3 传播途径

动物是弓形虫病的主要传染源，弓形虫生活史的各阶段，均具有感染性。患病和带虫动物的脏器及分泌物、粪便、尿液乳汁、血液、渗出液等都能够成为传染源。其中尤以猫科动物最为重要，受感染的猫通常在1d的时间内可排出1 000万个卵囊、排囊可持续约10～20d（排囊数量的高峰时间持续约5～8d），是传播的重要阶段。

人的先天性传播是孕妇在妊娠期感染并出现虫血症，虫体可经胎盘感染胎儿引起先天性弓形虫病，这才具有传染源的意义。获得性传播主要是经口途径的消化道感染，可由食入生的或半生的含有各发育期刚地弓形虫的肉制品、蛋制品、乳制品或被卵囊污染的食物和水导致感染。直接接触被感染的动物，以及肉类加工人员和实验室工作人员，有可能经口、鼻、眼结合膜或破损的皮肤或黏膜感染。节肢动物（蟑螂、苍蝇等）在携带卵囊污染食物时，也可传播。另外是输血或器官移植，也可能引起感染。

34.4 防治原则

弓形虫病作为重要的人兽共患寄生虫病，对其有效的预防措施主要包括：①注意保持环境卫生、个人卫生和饮食卫生，不食用生的和半生的肉、蛋、奶等食品。若要杀灭肉类食品内部的包囊，在烹煮时使食物的内部温度达到80℃保持20min即可奏效。厨房工作人员、密切接触动物的工作人员和实验室工作人员，要特别注意自身保护。②规范动物管理和饲养，及时处理猫、犬等动物粪便，防止污染水源及食物。不与动物过于密切接触，防止经皮肤、黏膜或伤口造成的感染。孕妇不宜养猫，并对孕妇定期进行刚地弓形虫感染的检测。③对免疫功能低下或缺陷者，积极进行刚地弓形虫的监测与治疗，防止并发弓形虫病导致的严重后果。④对供血者及器官供体者要进行刚地弓形虫检测，防止经输血或器官移植的途径感染弓形虫病。

对弓形虫病的治疗，目前尚无能够杀灭刚地弓形虫包囊的特效药物，也以致弓形虫病容易复发。临床治疗弓形虫病人的常用药物有磺胺类、乙胺嘧啶等，但对孕妇需选择使用毒性小的螺旋霉素。治疗过程中适当配合应用免疫增强剂，可提高宿主的抗虫功能，发挥辅佐作用。

35　利什曼病

利什曼病（leishmaniasis），是指由某种利什曼原虫（*Leishmania*）引起的原虫（protozoon）类寄生虫（parasite）感染病（infectious diseases），是人及多种动物均可被感染的寄生虫病（parasitosis）。通常也将利什曼病称为黑热病（kala-azar），但其主要指的是内脏利什曼病（visceral leishmaniasis，VL），"kala-azar"一词是印度土语（指病人有发热和皮肤色素沉着）。

利什曼病主要发生在人、犬及野生动物，其特征是临床表现不规则长程发热、能引起皮肤或内脏器官的严重损伤甚至坏死，以脾脏显著肿大为特征。宠物的利什曼病，主要是发生于犬。

35.1　病原特征

利什曼原虫的种类较多，在形态上也难以区分。不同种类的利什曼原虫可寄生于人及动物体的内脏器官、皮肤或黏膜的巨噬细胞内，引起内脏利什曼病、皮肤利什曼病（cutaneous leishmaniasis，CL）、或黏膜皮肤利什曼病（mucocutaneous leishmaniasis）。在我国主要是存在内脏利什曼病（黑热病），是由杜氏利什曼原虫（*Leishmania donovani*）引起的。

杜氏利什曼原虫是一个复合体（*Leishmania donovani* complex），包括杜氏利什曼原虫、婴儿利什曼原虫（*Leishmania infantum*）、恰格氏利什曼原虫（*Leishmania chagasi*）。此 3 种利什曼原虫的形态特征、生活史无明显差别，但其致病性和流行特点有所不同。

杜氏利什曼原虫有两个发育阶段，即无鞭毛体（amastigote）和前鞭毛体（promastigote）。无鞭毛体寄生在人或其他哺乳类动物的单核巨噬细胞内，虫体卵圆形或圆形，大小在（2.9～5.7）μm ×（1.8～4.0）μm。前鞭毛体寄生于与蚊子相似的吸血昆虫白蛉（*Phlebotomus*）的消化道内，成熟的虫体为梭形，前宽后窄，大小在（14.3～20.0）μm ×（1.5～1.8）μm；在前端基体处发出 1 根游离在外、长约 11.0～16.0 μm 的鞭毛，使虫体能够活泼运动。

杜氏利什曼原虫是由英国皇家军医利什曼（Leishman）于 1900 年，在印度一名死于内脏利什曼病士兵的脾脏中首先发现的，其观察结果（无鞭毛体）发表于 1903 年；就在 1903 年，多诺万（Donovan）也描述了在内脏利什曼病患者脾脏穿刺标本材料中所见到的这种无鞭毛体。法国学者拉韦朗（Lavéran）及梅尼尔（Mesnil）于 1903 年在检查多诺万发现这种无鞭毛体的标本材料时，认为这种无鞭毛体是一种原虫；英国学者罗斯（Ross）于 1903 年又在检查了多诺万发现这种无鞭毛体的标本材料后，确定这种原虫是一个新的原虫属，并将其命名为利什曼原虫属，同时命名此原虫为杜氏利什曼原虫，以纪念利什曼和多诺万的贡献（现在一直沿用的习惯译音"杜氏"即指"多诺万"）。相继，尼科勒

（Nicolle）和孔特（Comte）在 1908 年报告查明了被自然感染的犬，是人类感染内脏利什曼病的贮存宿主。塞尔让（Sergent）等在 1921 年报告，证实了白蛉与利什曼病的传播关系（图 12、图 13，源自 http：//image. haosou. com）。

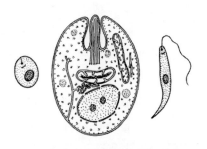

图 12　杜氏利什曼原虫形态特征
（左为无鞭毛体、中为无鞭毛体的超微结构、右为前鞭毛体）

图 13　杜氏利什曼原虫传播途径
（左为无鞭毛体、下为白蛉、右为前鞭毛体）

杜氏利什曼原虫的发育过程需要白蛉、人（或其他哺乳类动物）两类宿主。在雌性白蛉叮咬利什曼病患者或被感染的动物时，含有利什曼原虫无鞭毛体的巨噬细胞被吸入白蛉胃内，巨噬细胞被消化后使无鞭毛体释出，经24h可使虫体生长出鞭毛，在3~4d后发育成熟为梭形的前鞭毛体，以二分裂方式快速繁殖，经1周后具有感染力的前鞭毛体则大量聚集在白蛉的口腔和喙处。这种感染有前鞭毛体的雌性白蛉在叮刺人或易感哺乳类动物吸血时，前鞭毛体可随白蛉分泌的唾液进入宿主体内。其中，有一部分前鞭毛体可被宿主多核白细胞吞噬消灭，另一部分被巨噬细胞吞噬。前鞭毛体被吞噬进入巨噬细胞后则失去鞭毛，逐渐转变为无鞭毛体，并能抵抗巨噬细胞溶酶体的消化作用得以生存下来，同时以二分裂方式进行繁殖，最终导致巨噬细胞破裂，释出的无鞭毛体又可被其他巨噬细胞吞噬并重复增殖过程。虫体的大量增加可大量破坏巨噬细胞，并刺激巨噬细胞增生。

利什曼病广泛分布于亚洲、欧洲、非洲、拉丁美洲的多个国家和地区。内脏利什曼病（黑热病）主要流行于亚洲的印度、中国、孟加拉和尼泊尔，以及东非、北非、欧洲的地中海沿岸地区和国家。前苏联的中亚细亚，中、南美洲的部分国家也有流行。

35.2　感染类型

内脏利什曼病（黑热病），是由杜氏利什曼原虫引起、以白蛉为传播媒介的地方性传染病。在地中海沿岸地区和拉丁美洲的一些国家，则是由婴儿利什曼原虫和恰格氏利什曼原虫引起的，且其传播媒介主要是嗜人血沙蝇（*Anthropo-*

phile sandfly）。

35.2.1　人的利什曼病

人群普遍易感染利什曼病，随着年龄的增大使易感性降低，病后可获得持久性免疫力。内脏利什曼病（黑热病）表现起病缓慢，潜伏期多为 3～8 个月，也有短至 10 余日的，长的可达 2 年以上。通常情况下，主要症状表现为不规则发热、贫血、鼻出血、牙龈出血、胃纳差和消化不良等。可伴有恶寒、头痛、盗汗等。儿童病例往往会有啼哭、不安，甚至抽搐等。脾大是主要体征，也会有半数左右的患者出现肝大的病变。也有的患者仅以肺部感染为主，无脾、肝大的体征。另外是特殊的临床类型，包括：①皮肤利什曼病（cutaneous leishmaniasis）：病人的皮肤损害有时出现在内脏利什曼病（黑热病）的病程中，与内脏感染同时存在；有多数病人是发生在内脏病变消失多年之后，也被称为黑热病后皮肤利什曼疹（post kala-azar leishmanoid）；有少数病人无内脏感染的表现，且无黑热病的患病史。皮肤损伤多数为结节型，结节呈大小不等的肉芽肿、或呈丘疹状，常见于面部及颈部。在我国，此种类型大多分布在平原疫区。②淋巴结利什曼病（lymphonodular leishmaniasis）：表现为局部淋巴结肿大，较表浅、无压痛、无红肿，大多数病例无黑热病的病史。在我国，此种类型有报告在内蒙古自治区荒漠地带移民中的发生。

35.2.2　宠物的利什曼病

犬的利什曼病，在多数病犬都没有明显症状。犬的内脏利什曼病，感染后的一种类型为良性经过，无症状并能够自愈；另一种情况为中度感染，病犬表现消瘦，后肢无力，叫声嘶哑，皮肤出现脱毛和溃疡等症状；再一种情况为急性感染，病程很短，可在数周内死亡。

35.2.3　其他动物的利什曼病

除上面记述犬外的其他动物，主要是在狼、狐、啮齿类动物等一些野生动物。野生动物的利什曼原虫感染，几乎总是良性的和不明显的，很少出现病理反应。啮齿类动物和有袋动物感染的症状为皮肤出现损伤，特别是发生在尾根部位，其次是在耳朵和足，损伤部位出现肿胀，可能会出现溃疡或形成小结节，皮肤的某些部位脱毛。

35.3　传播途径

病人、病犬以及某些受到感染的野生啮齿类动物，均可作为黑热病的传染源，以致在人—人、动物—人、动物—动物间传播。在我国一些平原地区，患者及带虫者为主要传染源（也称为人源型或平原型）、且以青少年为主；在一些丘陵山区，犬的感染率很高，虽然常常是无明显症状，但却为主要传染源（也称为人犬共患型或山丘型），患者以10岁以下的儿童居多；以受染野生动物为主要传染源（也称为野生动物源型或荒漠型）的疫区，主要分布在新疆维吾尔自治区、内蒙古自治区和甘肃的荒漠地区，在这些地区的自然疫源地中，胡狼、狼、赤狐、豪猪、草鼠等野生动物为贮存宿主，发病者多系外来移入的成年人。

黑热病主要通过白蛉的叮刺传播，偶可经口腔黏膜、破损皮肤、胎盘或输血传播。在我国的传播媒介白蛉有4种：

①中华白蛉（*Phlebotomus chinensis*），为我国黑热病的主要传播媒介，分布广泛，除新疆维吾尔自治区、甘肃西南和内蒙古自治区的额济纳旗外均有存在。②长管白蛉（*Phlebotomus longiductus*），仅见于新疆维吾尔自治区。③吴氏白蛉（*Phlebotomus wui*），是在西北荒漠常见的种类，野生、野栖。④亚历山大白蛉（*Phlebotomus alexandria*），分布于甘肃和新疆维吾尔自治区吐鲁番的荒漠。

35.4　防治原则

对黑热病的有效预防和控制，主要是采取控制传染源和切断传播途径相结合的综合性措施。控制白蛉是消灭黑热病的根本措施，白蛉的活动范围有限，多是栖息于室内外阴暗避风处（房角、地窖、墙缝、鼠洞、阴沟等处），雌性白蛉常常是在黄昏后至黎明前活动吸血。白蛉对杀虫剂敏感，也不容易产生抗药性。在山丘地区禁止养犬，是控制人犬共患型黑热病最为有效的措施。对于野外工作者，要特别注意加强个人防护，防止白蛉的叮咬及被病犬咬伤。

黑热病的病死率虽然高，但经特效药物治疗后的痊愈率也较高。且在治愈后可获得终生免疫，一般不会发生再次感染。治疗黑热病的特效药物为葡萄糖酸锑钠（sodium antimony gluconate），国产制剂为斯锑黑克（stibii hexonas）。对少数抗锑病人以及皮肤型黑热病患者，可用戊烷脒（pentamidine）治疗。同时，需要对症治疗与支持疗法，积极预防与治疗继发感染，合理选择使用抗菌类药物治疗。

36　隐孢子虫病

　　隐孢子虫病（cryptosporidiosis），是指由某种隐孢子虫（*Cryptosporidium*）引起的原虫（protozoon）类寄生虫（parasite）感染病（infectious diseases），其中，主要是微小隐孢子虫（*Cryptosporidium parvum*），是人及多种动物均可被感染的寄生虫病（parasitosis）。

　　隐孢子虫病是一种分布广泛，严重危害人类健康的寄生虫病。其特征是以腹泻为主要临床表现，也是在食源性疾病（foodborne diseases）中比较常见的寄生虫病。宠物的隐孢子虫病，主要发生于犬和猫。

36.1　病原特征

　　隐孢子虫是一类寄生性原虫，广泛存在于多种脊椎动物体内，寄生于人及大多数哺乳动物的主要为微小隐孢子虫。自1976年首先报告在美国发生的隐孢子虫病患者起，迄今世界上已发现有6大洲90多个国家都存在隐孢子虫病。美国威斯康辛州的密尔沃基在1993年发生了通过水源污染传播的隐孢子虫病暴发流行，病例达403 000人。在我国，韩范等在1987年首先在南京市区发现了2例隐孢子虫病患者；

随后在南京、徐州、安徽、内蒙古自治区、福建、山东和湖南等地，也都报告了一些病例。

隐孢子虫是于 1907 年由美国寄生虫专家泰泽（Tyzzer）首先在小鼠胃肠黏膜切片中发现的，在当时认为其并不能引起宿主发病。相继，泰泽又在 1912 年报告了微小隐孢子虫，仅侵害小肠、但未见明显症状，直到 1955 年才被确定为引起动物腹泻的重要病原寄生虫。自 1976 年首先在美国报告了首例患者起，才有关于隐孢子虫能够引起人感染发病的报告，并日益为人们所重视。1984 年，证实了隐孢子虫病可通过水进行传播。目前，隐孢子虫病已被列为世界最为常见的 6 种腹泻病之一，也已成为重要的公共卫生问题。

隐孢子虫的生活史包括无性繁殖、有性繁殖和孢子生殖的 3 个阶段，均在同一宿主的肠上皮细胞完成。生活周期在 5 ~ 11d，具体包括子孢子、滋养体、裂殖体、裂殖子、配子体、配子、合子和卵囊等阶段。隐孢子虫的寄生部位，主要是在小肠上皮细胞由宿主细胞形成的纳虫空泡（parasitophorous vacuole）内。

隐孢子虫的卵囊为圆形或椭圆形，直径在 4 ~ 6μm，无色透明，成熟的卵中含有 4 个裸露的月牙形子孢子。人、牛以及其他易感动物在吞食成熟的卵囊后，内含的子孢子在消化液的作用下从囊内逸出，先是附着于肠上皮细胞，再进入细胞内，在细胞微绒毛区（刷状缘）围绕子孢子形成纳虫空泡，虫体即在纳虫空泡内进行无性繁殖，先是发育成为滋养体，再经 3 次核分裂发育为Ⅰ型裂殖体，成熟的Ⅰ型裂殖体中含有 6 个或 8 个Ⅰ型裂殖子。Ⅰ型裂殖子被释出后又侵入其他上皮细胞，重复此增殖过程并再次形成Ⅰ型裂殖体及裂殖子；或发育为第二代滋养体，第二代滋养体经 2 次核分裂发育为Ⅱ型裂殖体，成熟的Ⅱ型裂殖体中含有 4 个裂殖子，这种裂殖子释出后可侵入肠上皮细胞发育为雌配子体或雄配子体，进入有性生殖阶段。雌配子体进一步发育为雌配子，雄配子体产生 16 个雄配子，雌雄配子结合后形成合子，进入孢子生殖阶段。合子发育为卵囊，卵囊有薄壁和厚壁的两种类型：①薄壁型卵囊：约占20%，仅有一层单位膜，其中的子孢子逸出后直接侵入宿主肠上皮细胞，继续无性繁殖，使宿主发生自身体内重复感染。②厚壁型卵囊：约占80%，在宿主细胞或肠腔内孢子化（形成子孢子），孢子化的卵囊随宿主粪便排出体外，即具有感染性。卵囊对外界环境因素的抵抗力较强，在潮湿的环境中，可存活 2～6 个月的时间，在湿冷环境下可存活数月或 1 年左右，并具有感染性，也是隐孢子虫唯一的感染阶段。常用的消毒剂常常不能有效将其杀死，用10% 福尔马林、5% 氨水加热 65～70℃ 作用 30min 可杀死卵囊。

36.2 感染类型

隐孢子虫主要寄生在宿主肠上皮细胞刷状缘的纳虫空泡内，空肠近端是胃肠道感染隐孢子虫数量最多的部位，严重患者可扩散至整个消化道。此外，肺脏、扁桃体、胰腺和胆囊等器官也可被波及。

36.2.1 人的隐孢子虫病

隐孢子虫病以腹泻为主要临床表现，也是旅游者腹泻（diarrhea in travelers，DT）的常见病种。人群普遍易感，无明显的性别差异性，婴幼儿、免疫功能低下的人群更易被感染发病。儿童感染多是发生于 5 岁以下的，易感染的是 2 岁以下的婴幼儿，婴幼儿被感染后的症状也比较严重。

根据发生隐孢子虫感染后所表现的临床症状，可将其分为两种类型。①急性胃肠炎型：潜伏期约在 4~14d，免疫功能正常的感染者，往往是表现为急性胃肠炎或急性肠炎。主要是发生腹泻，每天 4~10 次不等，大便呈糊状或为带有黏液的水样，偶有少量脓血，可有恶臭。患者常常会感到上腹部不适或疼痛、恶心甚至呕吐 1~2 次，食欲下降，有时会出现腹胀。部分病人会有发热 2~4d，以及乏力、周身不适等症状。病程为自限性的，多在 2 周内自然缓解，有些病人（如乳幼儿感染者）可延续至 4 周。在腹泻中止后，其他表现随之消退。无复发，通常预后良好。②慢性腹泻型：主要见于免疫功能有缺陷的患者，尤其是常见于艾滋病患者。表现起病缓慢，腹泻迁延，偶可短暂缓解。大便水样，或可见喷射样水泻，量大，每天多在 10 次左右，可导致循环衰竭死亡。偶有血性便，大多数伴有轻重不一、部位不定的腹痛，以下腹部较多见。病程长的可发生营养不良、低蛋白血症、维生素缺乏和体重下降等，儿童患者可有生长迟缓症状。病程可延续 3~4 个月至 1 年以上，期间可反复发作。

另外是在少数患者，可出现并发症。如侵入呼吸道，可引起慢性咳嗽、呼吸困难、支气管炎和肺炎等。侵入胆管和胆囊上皮，可引起急性和坏死性胆囊炎、胆管炎等。

36.2.2 宠物的隐孢子虫病

在宠物中，犬和猫是隐孢子虫宿主，也可呈自然感染状态，但通常并不引起明显发病表现。经实验感染后，可经一定时间的潜伏期后排出隐孢子虫卵囊，但一般都不出现明显临床症状。

36.2.3 其他动物的隐孢子虫病

除上面记述犬和猫外的其他动物，有多种家畜（牛、羊、马、猪、兔等）和家禽（鸡、鸭、鹅、火鸡等）及野生动物，都是隐孢子虫宿主，并可被感染发病。在家畜中以犊牛、羔羊、仔猪的发病较明显，主要表现为厌食、腹泻等消化道症状。

36.3 传播途径

隐孢子虫广泛存在于自然界中，主要通过被卵囊污染的水和食物（特别是生蔬菜、水果、未经消毒处理的果汁、饮料、贝类等）进行传播。隐孢子虫病患者的粪便和呕吐物中含有大量卵囊，多数患者在症状消退后仍然有卵囊排出，可持续几天至 5 周的时间，这构成了主要的传染源；健康带虫者和恢复期带虫者，也是重要的传染源。隐孢子虫能引起多种动物（特别是犊牛和羔羊）的严重腹泻，并可通过卵囊感染人，成为畜牧地区和农村的重要动物源性传染源。在托儿所、家庭、医护人员间通过人际的相互接触，是重要的传播途径。一旦水源被污染，易引起暴发流行。

患者和卵囊携带者是主要的传染源，多种被感染的动物（牛、马、羊、猪、兔、犬、猫、鼠类及鸡、鸭、鱼类、禽类、爬行动物、野生动物等）也是传染源。在动物作为传染源方面，农村以牛为主，牧区以羊为主，城市中以玩赏动物（犬、猫等）为主。感染主要是通过粪—口途径，卵囊被吞入引起，可能的传播途径包括：①人—人，通过直接或间接接触发生；②动物—动物；③动物—人；④通过饮用水的水源性传播；⑤食物源性传播；⑥可能经空气的传播，因为在肺脏寄生的，痰液中亦可排出卵囊。

36.4 防治原则

隐孢子虫病为人兽共患病（zoonoses），特别需要防止病人、病畜的粪便污染食物和饮用水，这对于切断隐孢子虫病的传播途径至关重要。另外，要注意讲究个人卫生，保护免疫功能缺陷或低下者，避免与病人、病畜的接触。

目前，尚无特效药物用于治疗隐孢子虫病，国内有用大蒜素胶囊治疗的，有一定的效果。另外是螺旋霉素、阿奇霉素、克林霉素、呋喃唑酮等抗菌类药物，具有缓解病情、减轻腹泻的作用。

37 肺吸虫病

肺吸虫病（pulmonary distomiasis）也称为并殖吸虫病（paragonimiasis），主要是指由卫氏并殖吸虫（*Paragonimus westermani*）引起的蠕虫（worm）类寄生虫（parasite）感染病（infectious diseases），是人及多种动物均可被感染的寄生虫病（parasitosis）。

肺吸虫病是一种分布广泛，严重危害人类健康的寄生虫病。其特征是以肺部病变为主（成虫寄生于肺组织内），累及全身多种组织器官，临床表现复杂多样，也是在食源性疾病（foodborne diseases）中比较常见的寄生虫病。宠物的肺吸虫病，主要发生于犬和猫。

37.1 病原特征

卫氏并殖吸虫是最早被发现的并殖吸虫，也称为肺吸虫（lung fluke）。是由韦斯特曼（Westerman）于1877年，在印度产的虎的肺部中首先发现的。1879年，林格（Ringer）在我国台湾从一具葡萄牙人尸体的肺部检出了形态相似的吸虫，此为人体肺吸虫的首次发现。林格将此虫转给了曼森（Manson）进行鉴定，曼森又于1880年在一名长期居于我国台湾的厦门籍病人的痰液内检出了此虫的虫卵。贝尔茨（Baelz）于1880年报告，在日本发现了人体肺吸虫。布朗（Braun）在1889年建立了并殖吸虫属，并将这种肺吸虫命名为卫氏并殖吸虫，以纪念韦斯特曼的贡献（现在一直沿用的习惯译音"卫氏"即指"韦斯特曼"）。卫氏并殖吸虫的分布广泛（主要是在远东地区），在日本、朝鲜、俄罗斯、菲律宾、马来西亚、印度、泰国以及非洲和南美洲等均有存在。

在我国，应元岳等于1930年在浙江绍兴发现了肺吸虫病患者；1940年，陈心陶和唐仲璋在广州、福建分别报告了人、兽的肺吸虫感染。目前除了西藏自治区、新疆维吾尔自治区、内蒙古自治区、青海省、宁夏回族自治区等地以外，其他省份均有此虫存在的报告。目前在全世界已知的并殖吸虫有近50种，我国报告的有30余种。在我国能引起致病的可大致分为两种类型：一是以卫氏并殖吸虫为代表的人兽共患型，在人体肺脏内可发育为成虫，引起人的肺型并殖吸虫病；二是以斯氏狸殖吸虫（*Pagumogonimus skrjabini*）即四川并殖吸虫（*Paragonimus szechuanensis*）为代表的兽主人次型，在人体内不能发育为成虫，主要是引起幼虫移行症（larva migrans），也称为肺外型并殖吸虫病（extraulmonary type paragonimiasis）。

卫氏并殖吸虫的成虫雌雄同体，在发育过程中可分为成虫、虫卵、毛蚴、胞蚴、母雷蚴、子雷蚴、尾蚴、囊蚴、后尾蚴、童虫等阶段。第一中间宿主是川卷螺等淡水螺类，第二中间宿主是某些淡水蟹和蝲蛄等甲壳类，终末宿主是人及猫、犬等哺乳动物。其生活史是成虫常寄生在肺组织所形成的囊内，产出的虫卵经虫囊与小支气管相连的通道进入支气管和气管，随痰液排出、或进入口腔再吞咽后经肠道随粪便排出。

虫卵如果落入水中，在适宜的温度下经 2～3 周孵化出毛蚴。毛蚴遇到第一中间宿主淡水螺即侵入其体内，发育为胞蚴、母雷蚴、子雷蚴及短尾的尾蚴。成熟的尾蚴离开螺体在水中游动，遇到第二中间宿主甲壳类即侵入其体内变为囊蚴。

终末宿主吃了含有囊蚴的生的或半生的蟹、蝲蛄或生饮含有囊蚴的水，囊蚴在小肠中经消化液的作用破囊，逸出的后尾蚴钻穿肠壁发育为童虫；童虫穿过肠壁进入腹腔，多数童虫在腹壁内经数日发育后再回到腹腔中，在脏器间移行窜扰后穿过膈肌进入胸腔。感染后 5～23d 穿过肺膜进入肺脏，经 2～3 个月的发育达到性成熟。成虫在宿主体内一般可存活 5～6 年，少数可长达 20 年。成虫可以固定在某些器官，也可以游走。虫卵存在于虫体穿行的通路上或囊肿间的隧道内，也可随血流到达疏松的结缔组织内引起炎症反应，形成假结核结节和纤维化。

卫氏并殖吸虫除寄生于肺脏中，还可寄生于皮下、肝脏、脑、脊髓、眼眶、睾丸、淋巴结、淋巴间隙、心包、肌肉等处，引起异位寄生（ectopic parasitism），这与童虫或成虫具有游走窜扰的习性有关。异位寄生时，虫体成熟的时间需要更长，或有些虫体不能发育至成熟产卵的阶段（附图 26、附图 27，源自 http：//image. haosou. com）。

卫氏并殖吸虫的新鲜活虫体呈深红色（死亡的呈灰白色），肥厚，半透明、背侧稍隆起，腹面扁平，大小在（7.5～16）mm×（4～8）mm，厚度在 3.5～5.0mm，很像半粒红豆，伸缩运动极强，体形多变。虫卵呈金黄色，椭圆形，大小在（80～118）μm×（48～60）μm，卵盖宽大，卵壳较厚，卵内含有 1 个卵细胞及 10 余个卵黄细胞，从虫体排出时的卵细胞还尚未分裂。囊蚴呈球形，直径约在 300

~400μm，乳白色，有两层囊壁。囊内的后尾蚴呈卷曲状存在，充满内腔，在蚴体中部有一个大的长椭圆形的排泄囊，在其两侧的肠管作螺旋状弯曲。

37.2 感染类型

卫氏并殖吸虫主要是在肺脏寄居并成熟产卵，在体内移行、窜扰、寄居引起以肺部病变为主的全身性感染病，临床以咳嗽、咯血为主要表现特征。由于卫氏并殖吸虫的童虫和成虫都具有游走性，可侵入机体各系统器官，以致临床表现也随虫体侵犯的范围和对组织损伤的程度表现复杂多样。

37.2.1 人的肺吸虫病

肺吸虫病的发生与流行无性别、年龄和种族之分，人群普遍易感，尤以在儿童和青少年多见。肺吸虫病的潜伏期与感染囊蚴的数量以及机体的反应性有关，一般为3d至1年，多数在1~3个月，最短的仅2d甚至数小时、最长的可达10余年，所以发病缺乏明显的季节性。根据病情及病变部位，通常是将此病分为急性肺吸虫病和慢性肺吸虫病两种类型。已被感染过的人，对再感染无明显的获得性免疫力。

急性肺吸虫病较为少见，通常表现潜伏期短，在食入囊蚴后的数天至1个月左右发病，重感染患者在数小时即可出现症状。轻者一般表现为食欲不振、乏力、消瘦、低热等症状；重者发病急，毒血症状明显，高热伴有胸痛、胸闷、咳嗽、气急或腹痛、腹泻、肝脏大、腹水等症状。

慢性肺吸虫病是比较常见的类型，系因童虫进入肺脏后发育或虫体在组织器官间不断游走窜扰所引起。在临床上可按受损害的器官，将其分为：①胸肺型：是最为常见的，以咳嗽、胸痛、咯血痰为主，铁锈色或棕褐色（烂桃样）血痰为典型特征。在血痰中有大量虫卵。当成虫游走于胸腔时，可出现胸痛、气急等症状。②腹型：以腹痛、腹泻为主，有时也出现恶心、呕吐。重者可伴有肝脏、脾脏肿大。③肝型：主要表现为肝脏肿大、肝痛、肝功能紊乱、转氨酶升高、白蛋白与球蛋白比例倒置等肝脏受损的表现。④皮下结节或包块型：以皮下结节或包块为主要表现，多发于腹壁、胸背、头颈等部位。皮下结节或包块游走或不游走，有时在结节或包块内可检出成虫和虫卵。⑤脑脊髓型：多见于严重感染患者，成虫寄生于脑内时可出现癫痫、瘫痪、麻木、失语、头痛、呕吐、视力减退等。成虫侵入脊髓时可产生下肢感觉减退、瘫痪、腰痛、坐骨神经痛等。还常伴有胸肺型的表现，以青少年为多见。⑥亚临床型：在流行区域有些患者，无明显症状，可能是轻度感染者，也可能是感染的早期或虫体已被消除的康复者。⑦其他型：如睾丸炎、淋巴结肿大、心包积液等皆可发生，但均是少见的。

另外是斯氏狸殖吸虫（四川并殖吸虫），是在我国独有报告的虫种，其动物保虫宿主众多，人若被感染则可引起以幼虫移行症为特点的并殖吸虫病。猫科、犬科、灵猫科的家养和野生动物等为终末宿主，第一中间宿主为圆口螺科的小型和微型螺类，第二中间宿主为溪蟹和石蟹等，转续宿主（paratenic host）有大鼠、小鼠、豚鼠、蛙、鸡、鸟类等。成虫通常寄生于肺部，但人属于非适宜宿主，在人体内的斯氏狸殖吸虫（四川并殖吸虫）多是停留于童虫阶段。这种童虫在人体内，可在全身组织器官窜扰引起皮肤或内脏的幼虫移行症，同时伴有发热、乏力、食欲下降和嗜酸性粒细胞增多症。皮肤的幼虫移行症，主要表现为游走性皮下结节或包块，以在腹部、胸部、腰背部比较多见。内脏的幼虫移行症，则因幼虫移行侵犯的脏器部位出现相应的损害与多样的表现。在我国，很多省份都有此病的报告。其传染源、传播途径等与由卫氏并殖吸虫引起的基本一致，也具有自然疫源性特点。

37.2.2　宠物的肺吸虫病

犬和猫的肺吸虫病，其症状表现与人肺吸虫病的相似。最为常见的症状是精神抑郁、咳嗽、咳痰、咯血、发热、腹泻等，也存在脑脊髓型、皮下结节或包块型的。

37.2.3　其他动物的肺吸虫病

除上面记述犬和猫外的其他动物，主要是狐狸、狼、狮子、虎、豹、貉等多种野生动物可被感染发病。猪和野猪、兔、大鼠、鸡、鸟类、棘腹蛙等多种动物，可作为转续宿主。

37.3　传播途径

人及动物感染卫氏并殖吸虫，主要是由于生食或半生食含有卫氏并殖吸虫囊蚴的淡水蟹与蝲蛄或转续宿主所致。保虫宿主、第一中间宿主和第二中间宿主的分布，决定了肺吸虫病具有地方流行性和自然疫源性的特点。能够排出卫氏并殖吸虫卵的病人和动物，是此病的传染源。其保虫宿主包括犬、猫、羊、猪、牛等家畜，以及豹、虎、狐狸、狼、豹猫、大灵猫、貉、果子狸等野生动物。

卫氏并殖吸虫排出的虫卵经在第一中间宿主和第二中间宿主体内发育与繁殖，最终在第二中间宿主体内形成大量的囊蚴，囊蚴对人和多种肉食类哺乳动物均具有感染性。在我国已证实卫氏并殖吸虫的第一中间宿主为生活在淡水中的多种川卷螺类，第二中间宿主为多种甲壳类，淡水虾也可作为中间宿主。这些第一中间宿主和第二中间宿主，共同栖息于山区和丘陵的小河、溪流中。

囊蚴在宿主体内的分布，以肌肉中多见。生食或半生食含有卫氏并殖吸虫囊蚴的溪蟹与蝲蛄，是人感染卫氏并殖吸虫的主要方式。在一些山区，吃溪蟹有生、腌、醉、烤、煮等方式，其中腌和醉不能将蟹中囊蚴杀死（等于生吃），烤与煮往往因时间不够不能将囊蚴全部杀死，是为半生吃。在我国东北地区，群众喜食蝲蛄豆腐或蝲蛄酱，这也是生吃或半生吃的一种方式。另外是误食囊蚴，即在加工蝲蛄、蟹制品时，活的囊蚴污染了炊具、食具、手、食物、饮水等，被人误食。

生食或半生食带有童虫的转续宿主的肉，可被感染。此外是中间宿主死亡后，囊蚴脱落于水中污染水源，也有可能导致感染；有实验表明尾蚴感染犬也可获得成虫，所以饮用被囊蚴或尾蚴污染的生水也有被感染的可能。

37.4　防治原则

预防和控制肺吸虫病，关键是预防。不要吃生的或半生的蟹和蝲蛄，不饮用疫区的生水。改进蟹与蝲蛄等的烹调方法，注意分开使用切生食物和熟食物的刀具、砧板及器具。不要吃生的或半生的野猪、猪、大鼠、鸡、蛙、鸟类等动物的肉与肉制品。不要用生的蟹与蝲蛄喂养动物，以防止动物感染。

加强对从事饮食业工作人员的管理，不出售未经煮熟的蟹与蝲蛄及其制品。加强粪便和水源管理，搞好环境卫生和个人卫生，防止粪便中的虫卵污染水源。也可在溪水中放养家鸭和繁殖鲶鱼，吃食螺类，以减少第一中间宿主的孳生。

要积极治疗病人和发病动物，减少传染源。包括使用抗并殖吸虫药物治疗及对症治疗，一般患者经治疗后的预后良好；但脑脊髓型的患者通常预后较差，可致残甚至治疗无效。目前，治疗并殖吸虫病的药物，主要有吡喹酮（praziquantel）、丙硫咪唑即阿苯达唑（albendazole）、硫双二氯酚即别丁（bithionol）等。

38　肝吸虫病

　　肝吸虫病也称为华支睾吸虫病（clonorchiasis sinensis），是指由华支睾吸虫（*Clonorchis sinensis*）引起的蠕虫（worm）类寄生虫（parasite）感染病（infectious diseases），是人及多种动物均可被感染的一种寄生虫病（parasitosis）。

　　肝吸虫病是一种分布广泛，严重危害人类健康的寄生虫病。其特征是华支睾吸虫的成虫寄生于终末宿主（人及多种动物）的肝胆管内，引起以肝胆病变为主的一种慢性寄生虫病，也是在食源性疾病（foodborne diseases）中比较常见的寄生虫病。宠物的肝吸虫病，主要发生于猫和犬。

38.1　病原特征

　　华支睾吸虫是中华分支睾吸虫的简称，也称为肝吸虫（live fluke）。首次发现于1874年，是由麦康奈尔（McConnel）在印度加尔各答（Kolkata）一华侨的肝胆管内发现的。随后在日本、美国、澳大利亚、波兰、德国、埃及等地，陆续有由此虫引起人感染发病的报告。我国于1908年在广东潮州发现了华支睾吸虫病的病人后，又陆续在汉口、北京、沈阳、香港、广西和上海等地发现。1975年在湖北江陵县，先后在出土的西汉古尸和战国时期楚墓古尸中发现有华支睾吸虫的虫卵，从而证明华支睾吸虫病在我国流行至少已有2 300年以上的历史。华支睾吸虫病主要分布在东亚和东南亚地区，如中国、朝鲜、韩国、越南、菲律宾等国家。在我国，除青海、甘肃、宁夏回族治自区、内蒙古自治区、新疆维吾尔自治区、西藏自治区外，其他地区均有此病的流行或病例。

华支睾吸虫为雌雄同体的厌氧性吸虫，在发育过程中可分为成虫、虫卵、毛蚴、胞蚴、雷蚴、尾蚴、囊蚴阶段。第一中间宿主是淡水螺，第二中间宿主是某些淡水鱼和淡水虾类，终末宿主是人及猫、犬等哺乳动物。其生活史是成虫寄生于人及犬、猫等哺乳动物的肝胆管内，成虫产卵并随胆汁进入肠道，再随粪便排出。虫卵如果落入水中被第一中间宿主淡水螺吞食后，在螺体消化道内约经1h孵化出毛蚴。毛蚴进入螺的淋巴系统及肝脏，发育为胞蚴、雷蚴和尾蚴。在最适宜的水温（25℃）下，从虫卵被螺吞食至尾蚴从螺体逸出，约需30～40d。尾蚴脱离螺体后游于水中，当遇到适宜的第二中间宿主后即钻入其体内，经20～35d发育为囊蚴。

终末宿主食入含活体囊蚴的淡水鱼、虾或生饮含有囊蚴的水，囊蚴被吞食后在消化液的作用下，囊内的幼虫在十二指肠内脱囊而出并发育为童虫，童虫沿着胆汁流动的方向逆行至肝胆管后，经一定的时间（在人约为30d、猫及犬约为20～30d）发育为成虫并开始产卵。有实验证明，有的童虫也可通过血管或穿过肠壁经腹腔到达肝胆管内发育为成虫。在适宜的条件下，华支睾吸虫完成全部生活史约需3个月。成虫在猫的体内可存活12年3个月、在犬的体内为3年6个月，在人体内的寿命为20～30年。

华支睾吸虫的成虫形态似葵花籽状，背腹扁平，柔软，半透明，前端稍尖、后端钝圆。活体橙红色、死亡的呈灰白色，大小在（10～25）mm×（3～5）mm（附图28、附图29，源自 http：//image. haosou. com）。虫卵的形状似芝麻粒，呈淡黄褐色，平均大小在29μm×17μm，其一端较窄且有盖，在盖周围的卵壳增厚形成肩峰状；卵的另一端，有1个小结节样疣状突起。卵随胆汁入消化道后，随粪便排出体外时在卵内已含1个成熟的毛蚴。囊蚴呈圆形或椭圆形，大小在（121～150）μm×（85～140）μm，有两层囊壁，有一个蚴虫纡曲在囊内。

38.2　感染类型

华支睾吸虫的成虫寄生于人及多种动物的肝脏胆管内（主要是寄生于肝脏内二级以上分支的胆管中），在发生严重感染的胆囊、总胆管甚至胰腺管内也会有寄生，引起肝吸虫病。其临床表现主要为腹痛、腹泻、无力及肝脏肿大等，可并发胆管炎、胆囊炎、胆石症等，少数严重的可发展为肝硬化。

38.2.1　人的肝吸虫病

肝吸虫病的发生与流行无性别、年龄和种族之分，人群普遍易感。通常潜伏期约在1～2个月，起病一般表现较缓慢。轻度感染患者，常常是不出现临床症状或缺乏明显临床症状。表现出临床症状的，也常常是因感染华支睾吸虫的数量、病程长短、有无重复感染及个体的免疫力程度不同存在差异性，通常可分为急性和慢性两种类型。

急性肝吸虫病患者多是在出现华支睾吸虫的重度感染情

况下，在急性期主要表现为过敏反应和消化道有不适的感觉，包括发热、胃痛、腹胀、食欲不振、四肢无力、肝区疼痛等，类似于急性胆囊炎。还可伴有黄疸，肝脏肿大及血清转氨酶升高伴嗜酸性粒细胞显著增高等。但大部分患者在急性期的症状，都不是很明显。急性患者若未能得到及时治疗以及反复感染患者，均可演变为慢性华支睾吸虫病。

在临床上见到的病例多为慢性期患者，其症状往往是经过几年的时间才逐渐出现，一般是以消化系统的症状为主，表现疲乏、上腹部不适、食欲不振、厌油腻、消化不良、腹痛、腹泻、肝区隐痛、头晕等。儿童和青少年被感染后，临床表现往往较重，死亡率也较高，除消化道症状外，常有营养不良、贫血、低蛋白血症、浮肿、肝脏肿大和发育障碍，以致在晚期可造成肝硬化、腹水甚至死亡，也在极少数患者甚至可被致侏儒症。慢性感染患者，还常合并发生胆囊炎、胆管炎、胆色素性胆石症等并发症。此外，华支睾吸虫感染还可诱发胰腺炎和糖尿病，也与原发性肝癌存在密切关系。

38.2.2　宠物的肝吸虫病

宠物的肝吸虫病主要是发生在猫和犬，也是对人构成直接危害的重要传染源。动物的华支睾吸虫病，多为隐性感染，常常是呈慢性经过。轻度感染通常缺乏明显症状，重度感染会出现症状，其临床表现与人的相似。临床表现主要包括消化不良、食欲减退、腹痛、腹泻等消化道症状，以及出现腹水、消瘦、水肿、贫血、黄疸、发育不良等。

38.2.3　其他动物的肝吸虫病

除上面记述猫和犬外的其他动物，主要是猪和鼠类及野生哺乳类动物，另外是食鱼动物鼬、獾、貂、水獭、野猫等均可被感染，具有自然疫源地的流行特征。

38.3 传播途径

华支睾吸虫在人及动物的感染，主要是由于生食或半生食含有华支睾吸虫囊蚴的淡水鱼、虾类所引起，在动物也包括以生鱼及其内脏等作为饲料被感染。病人及带虫者和保虫宿主（猫、犬、猪等多种家畜和野生哺乳动物）等都是传染源。随粪便将虫卵散布到各处，通过含有虫卵的粪便污染水源后，使第一中间宿主和第二中间宿主相继受到感染。在国内已有报告的自然感染华支睾吸虫的储存宿主有33种，其中最为重要的有猫、犬、鼠类和猪等，也是对人危害最大的储存宿主。其中，尤以猫、犬的感染率普遍高，感染程度也严重，在传播中起重要作用；猪的感染虽不如猫、犬那样严重，但在流行病学上也是不可忽视的。

若在当地的河、沟、塘、水田等有适合华支睾吸虫寄生的淡水螺、鱼（虾）共居，又有带华支睾吸虫虫卵的粪便污染水（尤其是用人的粪便养鱼），鱼（虾）即可受到感染后带有囊蚴。人被感染主要是由于进食此种生的或半熟的鱼（虾）所致，如吃生鱼片、生鱼片粥、新晒干鱼、新腌鱼、未烤熟或未烧熟的鱼等。

华支睾吸虫的囊蚴在鱼体内的数量有一定的季节性特征，通常是在夏秋季节较多。囊蚴可分布在鱼体的肌肉、皮、头部、鳃、鳍及鳞等各个部位，通常以在肌肉中最多（尤其是在鱼体的体中背部和尾部较多），其次是皮、鳞和鳍。一般的淡水鱼、虾，均可作为华支睾吸虫的第二中间宿主。在我国目前已被证实的淡水鱼宿主，至少有 90 多种，其中主要是鲤科的淡水鱼（有 69 种）。除淡水鱼以外，有多种淡水虾都有囊蚴的寄生。甚至在某些特定的条件下，尾蚴在螺体内也可发育为囊蚴。在我国作为第一中间宿主的淡水螺至少有 8 种，主要为豆螺。

肝吸虫病是具有自然疫源性的人兽共患病（zoonoses），其流行是与感染源的多少，河流、池塘的分布，粪便污染水源的情况，第一和第二中间宿主的分布与养殖，当地居民的饮食习惯，以及猫、犬及猪的饲养管理方式等诸多因素，有着密切的关系。华支睾吸虫病流行的关键因素，是当地人群是否有生吃或半生吃鱼肉的习惯，也构成了此病呈地方性流行的特征。

38.4 防治原则

肝吸虫病作为重要的人兽共患寄生虫病，具有广泛的流行区域、多种保虫宿主和自然疫源地。有效预防需要针对各个环节，采取综合性的防治方法。

要特别注意不吃生的或不熟的鱼、虾等水产品，分开使用切生、熟食物的刀具和砧板及器具。加强对从事饮食业工作人员的管理，不出售未经煮熟的鱼肉食品。不要在鱼塘边建猪舍或厕所，并注意合理处理粪便，避免未经无害化处理的人的粪便进入鱼塘。消毒鱼塘、清理塘泥、消灭螺类，也是预防华支睾吸虫病的有效措施。

注意管理好猫、犬、猪等保虫宿主，以尽量减少华支睾吸虫病的传播机会。不要用生鱼喂猫、犬、猪等家畜。鱼鳞和内脏也不要随地丢弃，以防其他动物吞食。对犬、猫等宠物，要根据情况定期驱虫预防。

对患者要积极进行治疗，包括使用抗华支睾吸虫药物治疗及对症治疗，一般患者经治疗后的预后良好。目前，治疗肝吸虫病的首选药物是吡喹酮（praziquantel），丙硫咪唑即阿苯达唑（albendazole）也有一定的疗效。

39　旋毛虫病

旋毛形线虫病（trichinelliasis）简称为旋毛虫病，也是比较常用的病名。是指由旋毛形线虫（*Trichinella spiralis*）引起的蠕虫（worm）类寄生虫（parasite）感染病（infectious diseases），是人及多种动物均可被感染的一种寄生虫病（parasitosis）。

旋毛虫病是一种分布广泛，严重危害人类健康的寄生虫病。其特征是旋毛形线虫（简称旋毛虫）的成虫寄生在宿主小肠内，幼虫包囊寄生在同一宿主横纹肌细胞内，引起主要临床表现为发热、肌肉剧烈疼痛、乏力等典型症状的一种自然疫源性寄生虫病，也是在食源性疾病（foodborne diseases）中比较常见的寄生虫病。宠物的旋毛虫病，主要发生于犬和猫。

39.1　病原特征

1822 年，德国学者首先发现了在人体内存在有旋毛虫的幼虫包囊。1828 年，英国学者皮科克（Peacock）首次在伦敦一死者尸体肌肉中发现了旋毛虫。1835 年，欧文（R. Owen）描述了此虫的形态特征并将其命名为旋毛形线虫。1846 年，美国医师莱迪（Leidy）在猪的肌肉中发现了旋毛虫幼虫。1855 年，洛伊卡特（Leuckart）证明用旋毛虫幼虫投喂给动物后，可在动物肠道中发育为成虫。

旋毛虫病呈世界性分布。目前，我国是世界上旋毛虫病危害最为严重的少数几个国家之一。早在 1881 年，英国学者曼森（Manson）在我国的厦门首先从猪肉中发现了此虫。1964 年，西藏自治区首先报告了我国人体感染旋毛虫的病例。继之先后在云南、西藏自治区、吉林、黑龙江、辽宁、湖北、河南、广西壮族自治区、四川等十多个省区发现了多起此病的暴发。至 1999 年底，已在我国 12 个省区发生了548 起此病的暴发，发病 23 004 例、死亡 236 人；全国 17 个省区有 3 540 例散发病人，2000—2004 年共报告 17 次人体旋毛虫病暴发，发病 828 例、死亡 11 人。

旋毛虫为雌雄异体，虫体微小、线状、虫体后端稍粗。雄虫较小，约为（1.4～1.6）mm×（0.04～0.05）mm；雌虫较大，约为（3.0～4.0）mm×0.06mm（附图 30 至附图 33，源自 http：//image. haosou. com）。幼虫包囊在宿主的横纹肌内，呈梭形，大小约为（0.25～0.5）mm×（0.21～0.42）mm；在 1 个包囊内通常含有 1～2 条卷曲存在的幼虫，个别也有 6～7 条的，幼虫长约 1.0mm。

旋毛虫的发育过程，是成虫和幼虫同寄生于一个宿主体内。成虫寄生在小肠，主要是在十二指肠和空肠上段；幼虫寄生在横纹肌细胞内，形成具有感染性的幼虫包囊。旋毛虫在发育过程中，无外界的自由生活阶段，但完成生活史则必须要更换宿主，在动物间相互残食传播中完成生活史。除人以外，已知有猪、犬、鼠类、猫、熊、野猪、狼、狐等 150多种哺乳动物，均可作为旋毛虫的宿主。

当人或动物宿主食入了含有活体旋毛虫幼虫包囊的肉类后，在胃液及肠液的作用下，幼虫经数小时即可在十二指肠及空肠上段自包囊中逸出，并钻入肠黏膜内，经一段时间的发育后再返回到肠腔。在感染后的48h内，幼虫经4次蜕皮后，即可发育为成虫。雌虫和雄虫交配后，雄虫很快死亡并被排出体外，雌虫又重新侵入到肠黏膜内，有些虫体还可在腹腔或肠系膜淋巴结处寄生。受精后雌虫子宫内的虫卵逐渐发育为幼虫，并向外移动。交配后的5～7d，雌虫开始产出幼虫，持续排虫达4周左右的时间，每条雌虫可产幼虫约1 500条。新生幼虫很小，约124μm×6μm。雌虫通常可存活1～2个月，有的可达3～4个月。

少数新生幼虫从肠腔排出体外，有大多数的新生幼虫侵入局部淋巴管或静脉，随淋巴液和血液循环到达宿主各器官、组织体腔，但只有到达横纹肌内的幼虫才能继续发育。侵入部位多是活动较多、血液供应丰富的肌肉，如膈肌、舌肌、咬肌、咽喉肌、胸肌、肋间肌、腓肠肌等处。幼虫穿破微血管，进入肌细胞内寄生。约在感染后1个月的时间，幼虫周围开始形成纤维性囊壁并不断增厚，这种肌组织内含有的幼虫包囊，对新宿主具有感染力。若无进入新宿主的机会，半年后即自包囊两端开始出现钙化现象，幼虫逐渐失去活力、死亡，直至整个包囊钙化。但有时钙化包囊内的幼虫，也可继续存活数年之久。旋毛虫的幼虫包囊抵抗力较强，能耐低温，猪肉中包囊里的幼虫在-15℃贮存20d才会死亡，在-12℃条件下可存活达57d，在腐肉中能存活2～3个月。晾干、腌制、涮食等方法常是不能杀死幼虫，但在加热70℃时幼虫多可被很快杀死。

39.2　感染类型

　　旋毛虫病发病率的高低及病情轻重、潜伏期的长短，与感染幼虫包囊的数量及机体对旋毛虫的免疫力有关。其临床症状、体征及对健康的危害，与旋毛虫在体内的侵入、移行和寄生、包囊形成的过程有关，通常可将致病过程分为三期（小肠侵入期、幼虫移行和寄生期、包囊形成期）。

39.2.1　人的旋毛虫病

　　人体旋毛虫病的流行，具有地方性、群体性、食源性和暴发性的特点。潜伏期通常是最短的 1d、最长的 46d，多数在 14d 以内。人群普遍易感，但以青壮年为多、男性多于女性。感染方式与饮食习惯有关，主要是因生食或半生食含有活旋毛虫幼虫包囊的猪肉以及其他动物肉类所致。旋毛虫病对人的危害性很大，若未能及时治疗可发生死亡。①小肠侵入期：旋毛虫病的小肠侵入期，指的是旋毛虫幼虫在小肠内自包囊脱出、并发育为成虫的阶段。因主要是病变部位发生在十二指肠和空肠，所以也可称此期为肠型期。由于幼虫及成虫对肠壁组织的侵犯，能引起十二指肠炎、空肠炎。患者可有恶心、呕吐、腹痛、腹泻等胃肠道症状，同时伴有厌食、乏力、畏寒、低热等全身症状。此期的症状，通常持续约 1 周左右的时间。②幼虫移行和寄生期：幼虫移行和寄生期指的是新生幼虫随淋巴液、血液循环，移行至全身各器官及侵入横纹肌内发育的阶段。因主要是病变部位发生在肌肉，所以也可称此期为肌型期。由于幼虫在移行过程中的机械性损害及分泌物的毒性作用，可引起所经之处组织的炎症反应。病人可出现急性全身性血管炎、水肿、发热和血液中嗜酸性粒细胞增多等急性症状，部分病人还可出现眼睑及面部浮肿、眼结膜充血。重症患者可出现局灶性肺出血、肺水肿、胸腔积液、心包积液等；累及中枢神经的可引起非化脓性脑膜炎和颅内高压，使患者可出现昏迷、抽搐等症状。幼虫侵害横纹肌，患者多发的症状为全身肌肉酸痛、压痛，尤以腓肠肌、肱二头肌、肱三头肌疼痛明显；部分病人可出现咀嚼、吞咽或发声障碍。急性期病变发展较快，严重患者可因广泛性心肌炎导致心力衰竭，以及毒血症和呼吸系统伴发感染后死亡。此期的症状，通常持续约2周至2个月左右的时间。③包囊形成期：包囊的形成，是由于幼虫的刺激导致宿主肌肉组织由损伤到修复的结果。随着虫体的长大、卷曲，幼虫寄生部位的肌细胞逐渐膨大呈纺锤状，形成梭形的肌腔包围虫体，由于结缔组织的增生形成囊壁。随着包囊的逐渐形成，组织的急性炎症消失，患者的全身症状将日渐减轻，但肌痛仍可持续数月，并有消瘦、虚弱、乏力及肌肉硬结等。

旋毛虫的寄生可诱发宿主产生保护性免疫力，尤其是对再感染具有显著的抵抗力。免疫力可表现为使幼虫发育障碍、抑制成虫的生殖能力以及加速虫体的排出等。

39.2.2　宠物的旋毛虫病

在宠物中，犬和猫的旋毛虫感染率都是比较高的。动物对旋毛虫的感染通常具有一定的耐受性，被感染后往往不表现症状。严重感染会在初期时表现食欲减退、呕吐、腹泻的消化道症状；幼虫移行会引起肌炎，表现肌肉疼痛、麻痹、运动障碍、声音嘶哑、发热等症状，有的还会出现眼睑及四肢水肿。极少会发生死亡，多是能够在 4~6 周内恢复。

39.2.3　其他动物的旋毛虫病

除上面记述犬和猫外的其他动物，最为常见的主要是猪的旋毛虫病。另外，多种家畜（主要是马、牛、羊等）以及野生动物（鼠类、熊、野猪、狼、狐等）均可被感染发病，也是构成传染源的保虫宿主。

39.3　传播途径

含有旋毛虫幼虫包囊的动物肉，是旋毛虫病的传染源。在容易感染旋毛虫的动物中，常见的包括猪、马、犬、牛、羊、猫、鼠类等，因食用野猪、豺、熊、松鼠、獾、海象等野生动物肉感染旋毛虫的报告也时常可见。

在我国，猪肉是人体旋毛虫病的主要传染源。在国外，猪肉、马肉及其制品（比如，香肠）是人体旋毛虫病的主要传染源。经消化道传播，是旋毛虫病的主要途径。感染的发生与流行，与当地居民的饮食习惯密切相关，也构成了此病呈地方性流行的特征。人体感染旋毛虫病，主要是因生食或半生食含有旋毛虫的猪肉和其他动物肉类所致。其中生食或半生食受染的猪肉，是我国人群感染旋毛虫的主要方式，占发病人数的90%以上。

我国猪旋毛虫病的流行病学特征，为泔水及垃圾传播型。食草动物（牛、羊等）自然感染旋毛虫的主要原因可能是其饲料中掺入了含有旋毛虫的猪肉屑、泔水或用洗肉水拌饲料，或是在放牧时食入了被腐烂动物尸体污染的青草等所致。动物源性蛋白饲料，也相应增加了感染旋毛虫的机会。

39.4　防治原则

改变食肉的方式，不吃生的或未煮透的猪肉及野生动物肉，是预防旋毛虫病的关键。另外要认真执行肉类检疫制度，不允许受染肉类进入市场并进行焚毁处理。扑杀鼠类、野犬等保虫宿主，也是防止人群感染的重要环节。

对旋毛虫病患者的治疗，使用丙硫咪唑即阿苯达唑（albendazole）是目前的首选药物，不仅具有驱除肠道内早期幼虫以及抑制雌虫产出幼虫的作用，还能杀死肌肉中的幼虫，并兼有镇痛、消炎的功效。此外，甲苯咪唑（mebendazole）、氟苯咪唑（flubendazole）等也有较好的治疗效果。

40 丝虫病

丝虫病（filariasis），是指由某种寄生性丝虫（filaria）引起的蠕虫（worm）类寄生虫（parasite）感染病（infectious diseases），是人及多种动物均可被感染的寄生虫病（parasitosis）。

丝虫病是一类分布广泛、由吸血昆虫传播、严重危害人类健康的慢性寄生虫病，是全世界重点防治的六大热带病之一，也是我国重点控制的五大寄生虫病之一。其特征是丝虫的成虫寄生在终末宿主（脊椎动物）的淋巴系统、皮下组织、体腔（腹腔及胸腔）、心血管等处，临床上早期主要表现为反复发作的淋巴管炎、淋巴结炎，晚期为淋巴管阻塞引起不同部位淋巴肿、象皮肿及睾丸鞘膜积液。宠物的丝虫病，主要发生于犬和猫。

丝虫属于丝虫科（Filariidae）不同属的一类寄生性线虫（nematode），因虫体细长如丝得名，其种类很多。已知在人体内寄生的丝虫有 3 类 8 种，包括淋巴寄居性丝虫 3 种、皮肤寄居性丝虫 3 种、体腔寄居性丝虫 2 种。在我国仅有班氏吴策线虫（*Wuchereria bancrofti*）即简称的班氏丝虫、马来布鲁线虫（*Brugia malayi*）即简称的马来丝虫两个种，属于淋巴寄居性丝虫。其中的班氏丝虫仅自然感染人、可人工感染动物，马来丝虫可自然感染人和动物。由班氏丝虫和马来丝虫所引起的淋巴丝虫病（lymphatic filariasis）以及由旋盘尾线虫（Onchocerca volvulus）即简称的盘尾丝虫（属于皮肤寄居性丝虫）所致的河盲症（river blindness）等，是严重危害人类健康的丝虫病，也是在世界上重点防治的寄生虫病。另外是恶丝虫属（Dirofilaria）的犬恶丝虫（Dirofilaria immitis）和匍行恶丝虫（Dirofilaria repens），主要是感染犬和猫、偶可感染人，在人体内不能发育成熟，也被称为恶丝虫病（dirofilariasis）。

40.1　病原特征

班氏丝虫和马来丝虫的成虫形态相似，虫体呈细丝状、乳白色、体表光滑，雌虫体比雄虫体大。在雌虫子宫近卵巢端含有大量虫卵，其在前方的虫卵逐渐发育为壳薄透明、内含卷曲胚蚴的虫卵；在近阴门处的则为幼虫伸直、卵壳随之伸展为鞘膜包被于幼虫的体表，此类幼虫被称为微丝蚴（microfilaria）。丝虫为卵胎生，成虫直接产出微丝蚴。班氏丝虫的微丝蚴，大小在（244～296）μm×（5.3～7.0）μm；马来丝虫的微丝蚴，大小在（177～230）μm×（5.0～6.0）μm；此两种微丝蚴，均外披鞘膜。犬恶丝虫的微丝蚴，大小在（220～290）μm×（5.0～6.5）μm，无鞘膜。

在寄生于人体的丝虫中，班氏丝虫是分布最为广泛、认识最早的。那是德马尔凯（Demarquay）于1863年报告，在巴黎首次从一名来自于哈瓦那患者的阴囊鞘膜积液中发现了班氏丝虫的微丝蚴。班克罗夫特（Bancroft）在1876年报告，在澳大利亚布里斯班一名中国患者的手臂淋巴脓肿中发现了班氏丝虫的成虫。曼森（Manson）分别在 1877 年和 1879 年报告，首次证实了丝虫是由蚊子传播和微丝蚴具有"夜现周期性"（nocturnal periodicity）。班克罗夫特在 1899 年、洛（Low）在 1900 年，分别报告发现了成熟的丝虫幼虫可从蚊喙逸出，经皮肤钻入人体发育为成虫，明确了传播途径。利希滕斯坦（Lichtenstein）在 1927 年报告，在苏门答腊首先发现了马来丝虫的微丝蚴；拉奥（Rao）和梅普尔斯通（Maplestone）在 1940 年，首次在一名印度患者的前臂囊肿中发现了马来丝虫的雌、雄虫各两条。我国首次对丝虫病的调查，是在 1925 年由李宗恩进行的，发现在苏北部存在班氏丝虫病的普遍流行；冯兰洲于 1933 年在厦门首先发现中国浙江籍的马来丝虫病患者，并详细地比较了马来丝虫微丝蚴与班氏丝虫微丝蚴不同的形态特征以及蚊媒体内的各期马来丝虫。

　　班氏丝虫和马来丝虫的生活史基本相同，都需要两个发育阶段，即幼虫在蚊子（中间宿主）体内发育、成虫在人体（终末宿主）内发育。①幼虫在蚊子体内的发育：当蚊子叮吸含有微丝蚴的人血液后，微丝蚴随血液进入蚊子胃中，经 1~7h 脱去鞘膜并穿过胃壁，经血腔侵入胸肌。在胸肌内的幼虫活动力减弱、缩短变粗，经 3~4d 发育为形状似腊肠的"腊肠期幼虫"。其后虫体经 2 次蜕皮后发育为体形细长的感染期幼虫，其活动力增强并离开胸肌，其中有大部分的这种丝状蚴到达蚊子下唇部位，当蚊子再次叮人吸血时，幼虫自蚊子下唇逸出，经吸血伤口或正常皮肤侵入人体。②成虫在人体内的发育：感染期幼虫侵入人体后，一般认为是可迅速进入皮下附近的淋巴结，再移行至大的淋巴结及淋巴管，在此经2次蜕皮后发育为成虫。成虫常常是相互缠绕在一起，以淋巴液为食。雌、雄虫交配后，雌虫产出微丝蚴。微丝蚴可停留在淋巴系统中，但多数是随淋巴液进入血液循环。人体感染班氏丝虫后的3个月，可在淋巴组织中检查到成虫。成虫的寿命一般为4~10年（最长的可达40年），微丝蚴的寿命一般为2~3个月。

微丝蚴的"夜现周期性"，是丝虫生活史的一个特点。指的是丝虫的微丝蚴在白天滞留于肺部毛细血管中，夜晚则出现在外周血液中，微丝蚴这种在外周血液中夜多昼少的现象被称为"夜现周期性"。班氏丝虫和马来丝虫在外周血液中出现夜现高峰的时间略有不同，班氏丝虫的微丝蚴为晚上10时至次日晨2时，马来丝虫的微丝蚴为晚上8时至次日晨4时。

成虫寄生于人体淋巴系统，但班氏丝虫和马来丝虫的寄生部位有所不同。马来丝虫主要是寄生在四肢的浅表淋巴系统，尤其是以下肢多见；班氏丝虫除寄生于浅表淋巴系统外，多是寄生于深部淋巴系统，主要见于下肢、阴囊、精索、腹股沟、腹腔、盆腔、肾盂等处。此两种丝虫（尤其是班氏丝虫）均可出现异位寄生，如在眼前房、乳房、肺部、心包、脾脏等处。

人是班氏丝虫的唯一终末宿主，尚未发现有保虫宿主。马来丝虫除寄生于人体，在国外还发现亚周期型马来丝虫能够自然感染猴类和猫类等多种脊椎动物，并能在其体内发育成熟以及在人—动物间相互传播。马来丝虫和犬恶丝虫，也均不存在储存宿主。

恶丝虫的成虫寄生于终末宿主的心脏、肺动脉内或皮下组织中。其中犬恶丝虫的成虫寄生于终末宿主的右心室和肺动脉内，也因此被称为"犬心脏虫"（dog heartworm），主要是引起肺部感染发生恶丝虫病；其终末宿主主要是犬，也可寄生于猫、狼等食肉动物。匍行恶丝虫主要是引起皮下匍行恶丝虫病，是犬的自然寄生虫，成虫主要是寄生于犬的皮下结缔组织中，微丝蚴存在于皮下淋巴组织中。犬恶丝虫的幼虫除在蚊子体内完成发育外，也可在犬蚤、猫蚤、人蚤体内完成微丝蚴至感染期幼虫的发育。

班氏丝虫分布于热带、亚热带及温带的大部分地区，以亚洲和非洲较严重。马来丝虫仅局限于亚洲，主要流行于东南亚。丝虫病在我国流行于山东、河南、安徽、江苏、上海、浙江、江西、福建、广东、广西壮族自治区、湖南、湖北、贵州、四川、海南和台湾等地；在山东、海南和台湾仅有班氏丝虫病的流行，其他流行区域则是班氏丝虫病和马来丝虫病均有存在。

40.2　感染类型

发生丝虫感染后是否出现临床症状和体征，主要是取决于机体对丝虫刺激的反应、侵入的丝虫种类和数量、发生重复感染的次数、虫体的寄生部位以及有无继发感染等。发生轻度感染后常常仅是在血液中能够查到微丝蚴，不表现出明显症状，成为带虫者。

40.2.1　人的丝虫病

人体感染丝虫后的潜伏期在4个月至1年，有半数不出现临床症状，但在血液中能查到微丝蚴，称为"无症状感染者"。在丝虫病流行区域，人群普遍易感。感染率的高低，与人受到蚊媒叮咬的机会密切相关，常常是以在 21～30 岁的青壮年血液中微丝蚴感染率为最高。

通常可根据不同的症状表现，分为 4 种类型：①微丝蚴血症：感染期幼虫侵入人体后，通常是经过 8～16 个月的潜伏期后，在外周血液中可出现微丝蚴，其数量也逐渐增多，微丝蚴的数量达到一定密度后可保存相对恒定。此时的症状并不明显，有时可出现淋巴系统炎症和偶尔发热，经 2～3d 后症状可自行消退，此种现象可持续数年或终生。②急性期过敏性炎症反应：此型包括两种情况，一是急性淋巴管炎、淋巴结炎及丹毒样皮炎，出现淋巴管炎常常是先于淋巴结炎，以下肢多见，发作时可见皮肤表面有一条离心性发展的红线，称为逆行性淋巴管炎（俗称"流火"）。出现淋巴结炎表现局部淋巴结肿大，有压痛。当炎症波及皮肤浅表毛细淋巴管时，局部皮肤会出现片状弥漫性红肿，有压痛和灼烧感，状似由某些链球菌（*Streptococcus*）引起的丹毒（erysipelas），被称为丹毒样皮炎。二是精索炎、附睾炎和睾丸炎，是班氏丝虫感染急性期的主要临床症状，常常是与淋巴管炎、淋巴结炎同时发生。表现起病突然，伴有寒战和高热。③慢性期淋巴阻塞性病变：此型包括 3 种情况，一是象皮肿，为慢性期丝虫病的重要临床体征。马来丝虫病的象皮肿仅限于肢体，且下肢象皮肿通常不超过膝部；班氏丝虫病象皮肿的好发部位，依次为肢体、外生殖器、股部和乳房等处，且下肢象皮肿常常会波及全腿形成巨形象皮肿。二是乳糜尿，为班氏丝虫病的临床表现之一，其特点为不定期间歇发作，有部分病人可自行停止。三是鞘膜积液，是班氏丝虫病的常见慢性体征，主要是阻塞发生在精索、睾丸淋巴管、淋巴结等处，淋巴液渗入鞘膜腔内形成积液，导致阴囊肿大。④潜隐性丝虫病（亚临床型）：表现是在病人的外周血液中查不到微丝蚴，但可在肺脏和淋巴结的活检中查到。常常是表现为热带肺嗜酸性粒细胞增多症（tropi-cal pulmonary eosinophilia，TPE），临床表现为夜间阵发性哮喘或咳嗽，伴有疲乏和低热，血液中嗜酸性粒细胞过度增多。另外，在临床上还可见有女性乳房丝虫结节、眼丝虫病、丝虫性心包炎、乳糜胸腔积液、乳糜血痰等，以及发生在脾、胸、背、颈、臂等部位的丝虫性肉芽肿病变。有时还可在病人的骨髓、前列腺液或宫颈阴道涂片中查到微丝蚴。

犬恶丝虫偶可引起人的感染，根据犬恶丝虫在人体的寄生部位，可将人体犬恶丝虫病分为肺部犬恶丝虫病、皮下犬恶丝虫病、眼部犬恶丝虫病及心血管犬恶丝虫病等，但大部分患者均不出现症状。匍行恶丝虫是犬皮下组织的自然寄生虫，但也可寄生于人体引起皮下结节。

40.2.2 宠物的丝虫病

犬感染马来丝虫后，急性期为反复发作的淋巴管炎、淋巴结炎和发热，慢性期为淋巴水肿。猫感染马来丝虫后，主要表现为淋巴管曲张和淋巴结炎。

犬和猫感染犬恶丝虫后，轻度的无明显症状，重度感染最早出现的是慢性咳嗽、但常常是缺乏上呼吸道感染的其他症状。随着病情的发展，常常会发生慢性顽固性湿疹，沿背正中形成痂皮、甚至化脓，逐渐波及全身，严重时咳嗽、循环及呼吸障碍、胸腔和腹腔积液、全身浮肿、呼吸困难，末期贫血增进，甚至因窒息突然死亡或逐渐消瘦衰竭致死。犬和猫感染匍行恶丝虫后，最为常见的表现是瘙痒、皮肤红斑、脱毛、暴躁、丘疹及皮下结节等。

40.2.3 其他动物的丝虫病

除上面记述犬和猫外的其他动物，常见的主要是马来丝虫可感染长尾猴、叶猴、野生猫科动物等多种除鱼类以外的脊椎动物，犬恶丝虫也可寄生于野生动物（主要是肉食类）。

40.3 传播途径

在血液中携带微丝蚴的病人和无症状带虫者以及患病或带虫动物，是丝虫病的传染源，通过雌蚊叮咬传播。我国丝虫病的传播媒介有 10 余种，班氏丝虫病主要为淡色库蚊和致倦库蚊，其次为中华按蚊；马来丝虫病主要为中华按蚊和嗜人按蚊。在东南沿海地区，东乡伊蚊和微小按蚊是两种丝虫病的传播媒介之一。犬恶丝虫的主要传播媒介，是按蚊、伊蚊、库蚊及吻蚊等。

通常在晚期病人外周血液中常常是不易查到微丝蚴，作为传染源的意义不大，无症状的带虫者在丝虫病的传播中往往构成主要传染源。我国 5～10 月的气温高、雨量充沛、湿度较大，有利于蚊媒的繁殖和丝虫在其体内的发育，是丝虫病传播、感染的主要季节。

40.4 防治原则

对丝虫病的普查、普治和防蚊、灭蚊，是有效防治丝虫病的两项重要措施。要做到努力减少蚊子的感染和切断从蚊子传播到人的途径，及早发现患者和带虫者并及时治愈，既可保证健康，又可减少和杜绝传染源。保护易感染者的直接措施是防止蚊子叮咬，减少蚊子孳生地，使用杀蚊剂，消灭传播媒介。

对丝虫病患者早期进行治疗，通常可很快恢复健康。但反复发作的淋巴管炎和晚期象皮肿，可致全身细胞感染并危及生命。治疗丝虫病，包括使用有效抗虫药物和对症治疗的综合措施。乙胺嗪（diethylcarbamazine citrate，DEC）的商品名称为海群生（hetrazan），是治疗淋巴丝虫病的首选药物。使用伊维菌素（ivermectin）、丙硫咪唑即阿苯达唑（albendazole），其持续效果在 1 年以上，可每年治疗 1 次，连续治疗 4～6 年。

对预防犬的犬恶丝虫病，可肌肉注射莫西菌素（moxidectin）的缓释剂，一次注射的保护效果可持续 1 年以上。

41 包虫病

　　包虫病（hydatid diseases，hydatidosis）又称为棘球蚴病（echinococcosis），是指由棘球绦虫（*Echinococcus*）的中绦期幼虫——棘球蚴（echinococcus cyst）寄生于中间宿主引起的蠕虫（worm）类寄生虫（parasite）感染病（infectious diseases），是人及多种动物均可被感染的慢性寄生虫病（parasitosis）。

　　在我国引起包虫病的棘球绦虫，有细粒棘球绦虫（*Echinococcus granulosus*）又称为包生绦虫、多房棘球绦虫（*Echinococcus multilocularis*）又称为泡状棘球绦虫（*Echinococcus alveolaris*）两种，其中，主要为细粒棘球绦虫。细粒棘球绦虫的幼虫（细粒棘球蚴或称为包虫囊、棘球囊）寄生于人体引起囊型棘球蚴病（又称为囊型包虫病）、多房棘球绦虫的幼虫（泡型棘球蚴或称为泡球蚴）寄生于人体引起泡型棘球蚴病（又称为泡型包虫病），都是危害严重的人兽共患寄生虫病。细粒棘球绦虫的终末宿主是犬科动物（所以，也称为犬绦虫），羊、牛等多种动物是中间宿主（主要是在犬—羊间循环）；多房棘球绦虫的终末宿主是狐、犬、狼、獾、猫等动物，主要的中间宿主为鼠类等啮齿类动物，还有牦牛、绵羊及人等。人因误食细粒棘球绦虫、多房棘球绦虫的虫卵，可成为中间宿主发生相应的包虫病。宠物的包虫病，主要发生于犬和猫。

41.1 病原特征

细粒棘球绦虫为小型绦虫，成虫大小在（2～7）mm ×（0.5～0.6）mm（图 14、附图 34，源自 http：//image. haosou. com）；多房棘球绦虫的成虫比细粒棘球绦虫还要小，虫体仅长 1.2～3.7mm。此两种棘球绦虫的生活史，均需要经过终末宿主和中间宿主才能完成。

41.1.1 细粒棘球绦虫和细粒棘球蚴

由细粒棘球绦虫的幼虫——细粒棘球蚴（包虫囊、棘球囊）引起的囊型包虫病，呈世界性分布，主要流行于牧区。在我国的多个省（地）均有发生，尤以在新疆维吾尔自治区、甘肃、青海、内蒙古自治区、宁夏回族自治区、西藏自治区、四川西部等畜牧业发达的地区流行最为严重。

在很早以前，就已发现在人及家畜体内有细粒棘球蚴寄生形成的包囊。直到 1684—1685 年，才由雷迪（Redi）和哈特曼（Hartmann）首先发现在犬肠道内寄生有细粒棘球绦虫成虫。1782 年，格策（Goeze）证明了人体包虫病与细粒棘球蚴感染有关。1852 年，西博尔德（Von Siebold）用病羊、牛的肝脏和肺脏喂犬，发现在犬的肠道内即生长成虫。1863 年后，克拉贝（Krabbe）等相继用感染人的棘球蚴头节喂犬，也在犬的肠道内得到了成虫，并从此证实了这种人、兽共患病的关系。我国早在 1905 年，由乌特曼（Uthe-mann）在青岛发现此病。

细粒棘球绦虫的成虫寄生于犬科动物（犬、狼或豺等）的小肠前段，由头节、颈部和链体组成，链体多是由幼节、成节和孕节各1节组成。成节有雌性、雄性生殖器官各1套（雌雄同体），孕节子宫内含有200~800个虫卵，虫卵大小在（32~36）μm×（25~30）μm，内为六钩蚴。成虫脱落的孕节和虫卵随粪便排出到体外，污染牧草、牧场、畜舍、皮毛、蔬菜、土壤、水源及周围环境等，被中间宿主动物（牛、羊、骆驼、猪、马等）吞食后，在消化液的作用下，六钩蚴在小肠内孵出并钻入肠壁，随血流到达全身各部位（主要在肝脏和肺脏）。大多数六钩蚴在经过肝脏时即被截留下来，有少数可到达肺部，其中的极少数可通过肺部到达脑、脾脏、心脏、骨髓等处，约经5个月的时间发育为棘球蚴。棘球蚴呈圆形或不规则形的囊状体，其结构包括囊

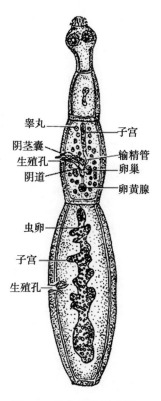

睾丸
阴茎囊
生殖孔
阴道

子宫
输精管
卵巢
卵黄腺

虫卵
子宫
生殖孔

图14 成虫结构模式图

壁、囊液、原头蚴、子囊、生发囊等，直径一般在5~10cm，囊内充满无色透明或微带黄色的液体，由囊壁的胚层（生发层）向内生长出许多原头蚴和生发囊，生发囊（仅有1层直径约为1mm的胚层）内含有多个原头蚴。生发囊进一步发育形成与母囊结构相同的子囊，子囊内又可长出原头蚴、生发囊和孙囊。原头蚴、生发囊和子囊，可从囊壁上脱

落悬浮于囊液中,称为棘球蚴砂(hydatid sand)或囊砂。当含有棘球蚴的中间宿主的内脏被终末宿主吞食后,进入体内的原头蚴约经 8 周的时间可发育为成虫。在犬、狼小肠中寄生的成虫,多为数百条至数千条、甚至数万条,其寿命为 5~6 个月。人误食了虫卵后也可在体内发育为棘球蚴,在人体内可存活 40 年、甚至更久。

细粒棘球绦虫的虫卵对外界环境因素的抵抗力强,在 2℃水中可存活 2.5 年,在冰水中可存活 4 个月,在 -12℃至 40℃均有感染力。在常用消毒剂中可存活 6~24h,在 20% 甲醛溶液中可存活 24h,煮沸与阳光直射(50℃)对其有致死杀伤作用。

41.1.2 多房棘球绦虫和泡型棘球蚴

由多房棘球绦虫的幼虫——泡型棘球蚴(泡球蚴)引起的泡型包虫病,主要发生在北半球的高寒地区。在我国,主要分布于新疆维吾尔自治区、宁夏回族自治区、青海、甘肃、四川、西藏自治区、黑龙江、北京、陕西、内蒙古自治区等地。

在肝脏病变内存在的泡球蚴,最初于 1854 年在德国首先发现时,被策勒(Zeller)认为是一种赘生物。至 1855 年,菲尔绍(Virchow)和布尔(Buhl)分别确认了是绦虫的幼虫,洛伊卡特(Leuckart)在 1863 年首先报告了人的泡型包虫病,并根据这种绦虫的幼虫具有多个包囊的特征,将其成虫定名为多房棘球绦虫。1883 年,克莱姆(Klemm)曾将多房棘球绦虫称为泡状棘球绦虫。直到 1951—1954 年间,在美国的阿拉斯加州查明了这种绦虫的生活史和形态学特征后,才解决了其与细粒棘球绦虫的区别。在我国,于 1946 年由青海人民医院首先报告了 7 例肝泡型包虫病的病例。

多房棘球绦虫的幼虫（泡型棘球蚴、泡球蚴）是由许多小囊泡组成的，囊泡呈圆形或椭圆形，每个囊泡的直径在0.1~5mm。每个囊泡的生发层细胞呈丝状向囊外延伸（称为生发细胞突起）并相互构成网状，向周围浸润生长并不断形成新的囊泡。在囊内充满胶状物质，含有原头蚴，也有的仅含有胶状物质、无原头蚴。多房棘球绦虫的成虫寄生于狐、犬、狼、獾、猫等终末宿主动物的小肠内，孕节和虫卵随粪便排出到体外。主要的中间宿主为鼠类（田鼠、麝鼠、仓鼠、大沙鼠、小家鼠和褐家鼠等）等啮齿类动物，还有牦牛、绵羊及人等。鼠类因食入终末宿主的粪便被感染，地甲虫由于喜食狐粪以致在其消化道和体表均携带有虫卵，鼠因捕食地甲虫可被感染。当体内带有泡球蚴的鼠或其他动物的内脏被狐、犬、狼等吞食后，原头蚴在其消化道内经45d可发育为成虫。人因误食虫卵也可被感染，但人是多房棘球绦虫的非适宜中间宿主，所以在人体内的泡球蚴的囊泡壁薄、且不完整，内含有胶状物质、常常是无原头蚴。

41.2 感染类型

发生包虫病后的感染受累器官，以肝脏为主、且病变严重。其临床表现，主要是取决于细粒棘球蚴或泡型棘球蚴的大小、数量、寄生时间及部位等。

41.2.1 人的包虫病

人群普遍易感包虫病，感染率与接触细粒棘球绦虫、多房棘球绦虫的虫卵的机会和卫生习惯密切相关。①囊型包虫病：由细粒棘球绦虫的幼虫（细粒棘球蚴或称为包虫囊、棘球囊）寄生于人体引起，可寄生在人体各个部位，以肝脏内最多、其次为肺脏，还可寄生在腹腔、脑、脾脏、盆腔、肾脏、胸腔、骨骼、肌肉以及皮下等部位。囊型包虫病的临床表现，以肝包虫病为多见（占半数以上），病人表现肝区疼痛、坠胀不适、上腹部饱胀、食欲减退等症状。肝包虫向下生长可压迫门静脉与胆总管，引起阻塞性黄疸、门静脉高压，甚至腹水。肝顶部包虫可向上生长，使膈肌抬高、局部突起。肺包虫病主要表现胸痛、咳嗽、血痰、气急，甚至呼吸困难等症状。脑包虫病是比较少见的，多是发生在儿童，好发于大脑顶叶白质内，以癫痫为突出表现，也可导致颅内压增高、失明。②泡型包虫病：由多房棘球绦虫的幼虫（泡型棘球蚴或称为泡球蚴）寄生于人体引起，主要侵犯肝脏，食入虫卵后在肝脏形成原发病灶，以肝右叶多见，也可同时侵犯左、右叶。在早期常常是缺乏任何症状，有部分病人存在肝区隐痛、肝功能损害、脾脏变大。晚期病人的肝脏显著变大，触诊肝脏结节坚硬如石块、表面结节不平，无明显囊性感。按临床病理可分为巨块型、结节型和混合型，病灶中结缔组织增生非常明显，使囊泡包埋在石头样坚硬的纤维基质中。病灶侵及胆道、门脉时产生阻塞性黄疸和门静脉高压症状。脑部转移时，会有一系列颅内压增高的症状、体征。

41.2.2　宠物的包虫病

犬和犬科的多种动物、猫等，都是其终末宿主，寄生于小肠中。成虫在犬、猫肠道内寄生数量不多时，其致病作用不明显，一般不表现明显症状。严重感染时，可表现慢性腹泻、消化不良、贫血、肛门瘙痒、消瘦等症状。

41.2.3　其他动物的包虫病

除上面记述犬和猫外的其他动物，绵羊、山羊、牛、猪、骆驼、鹿等多种家畜及野生动物，都是较敏感的中间宿主，其中，以羊的感染率最高（绵羊最为易感），寄生于动物内脏器官和全身脏器中，多是寄生于肝脏和肺脏。临床多是表现消瘦、衰弱、咳嗽、呼吸困难等症状，常常会因囊泡破裂导致严重的过敏反应，突然死亡。

41.3　传播途径

犬是细粒棘球绦虫的终末宿主和包虫病的主要传染源，犬吞食绵羊等含有棘球蚴的内脏后，即在肠内发育为成虫，虫体数量可达数百至数千条，成熟后的孕节爬出肛门，犬在舔咬时将孕节压碎，虫卵污染全身皮毛，人与其接触很容易遭受感染。狼、狐狸，是野生动物的传染源。另外是蝇类、食粪甲虫、鸟类、蚂蚁等，对虫卵的散播作用也不可忽视。病人、病畜、带虫者，都是传染源，经消化道传播。与犬密切接触，其皮毛上的虫卵污染手可导致经口感染。犬粪便中的虫卵污染蔬菜、水源，可导致间接感染。牧区养犬防狼，犬、羊集居，羊皮毛被污染，与羊接触可导致间接感染。在干旱多风的地区，虫卵随风飘扬，也有经呼吸道感染的可能。

囊型包虫病的流行与畜牧业有密切关系，在牧区病犬粪便污染草原及水源，可使牛、羊、骆驼、猪等家畜受到感染，牧民因将病畜脏器喂犬，导致犬的感染。犬的皮毛上可沾染虫卵，当人与犬接触时，虫卵经手及食物、饮水进入体内。在牧区，由于牧犬和羊群在一起，虫卵可沾染羊的皮毛，人因屠宰、挤奶、剪毛以及皮毛购销和加工过程中，或儿童喜欢抱犬玩耍等，误食虫卵被感染。

人体泡球蚴病的传染源，是感染多房棘球绦虫的食肉动物。犬、猫与人的关系密切，是人的泡型包虫病的重要传染源。野生啮齿类动物（尤其是鼠类），是犬、猫的主要传染源。多房棘球绦虫的流行，通常是局限于野生食肉动物和啮齿类动物之间，病人大多是与野生食肉动物接触密切的群体，如猎人、皮毛加工行业的人员等。另外是家犬、绵羊等家养的动物也有感染，这就增加了人体感染的途径和风险。人们在牧区生产活动中，尤其是猎狐、剥取狐皮或直接加工，或将生狐皮出售，在加工、运输、交易生狐皮时可导致直接接触感染。虫卵有很强的抗寒力，可污染水源、土壤，土壤被污染还可导致蔬菜、水果甚至雪水的污染，因此在草原上饮用渠水、泉水、雪水，以及生吃蔬菜、水果均可被感染。

41.4　防治原则

预防包虫病，要有良好的卫生习惯，饭前洗手，特别是与犬、猫、牛、羊及皮毛等接触后更要洗手，不摸犬、猫的皮毛、不玩耍犬、猫，不吃生菜，不饮用生水。捕杀野犬、无主犬，对包虫病的控制具有不可估量的作用。对家犬、牧羊犬、警犬等，应定期检查和驱虫。对有包虫病的牛、羊脏器，进行无害化处理，以防止犬的任意吞食，造成恶性循环。

手术治疗，仍然是对包虫病的首选治疗方法，常用的方法是内囊摘除术。对不宜手术的病例，可在超声波引导下穿刺、抽吸。药物治疗适用于手术后复发且不宜再行手术的病例，或配合在手术前、后的治疗，可用甲苯达唑（mebendazole）、丙硫咪唑即阿苯达唑（albendazole）、吡喹酮（praziquantel）等抗寄生虫类药物。

附 图

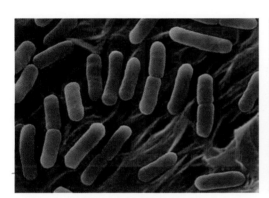

附图1 大肠杆菌基本形态

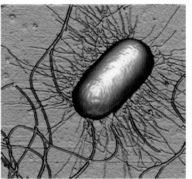

附图2 大肠杆菌超微形态

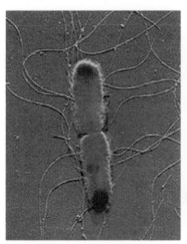

附图3 沙门氏菌超微形态

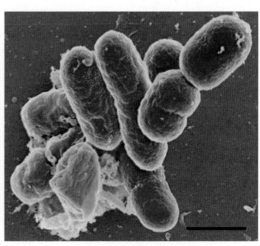

附图4 志贺氏菌超微形态

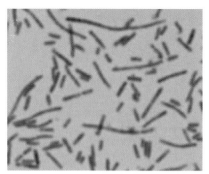

附图5 变形菌基本形态

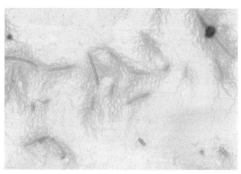

附图6 变形菌
（显示菌体及其鞭毛）

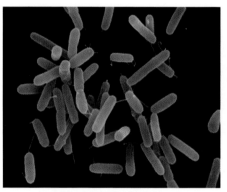

附图7 绿脓杆菌基本形态

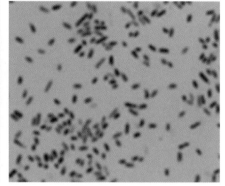

附图8 嗜水气单胞菌基本形态

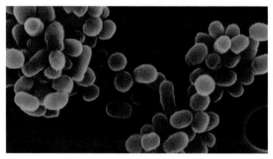

附图9 布鲁氏菌基本形态

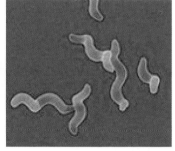

附图10 空肠弯曲菌基本形态

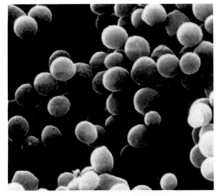

附图11　葡萄球菌基本形态

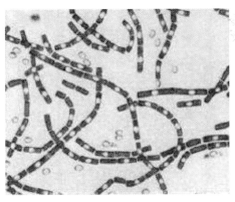

附图12　炭疽杆菌基本形态

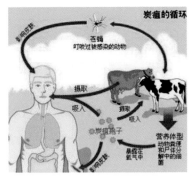

附图13　炭疽杆菌传播途径

附图14　结核杆菌传播途径

附图15　诺卡氏菌基本形态

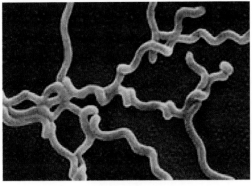

附图16　钩端螺旋体螺旋盘绕结构

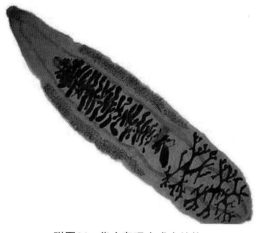

附图29　华支睾吸虫成虫结构

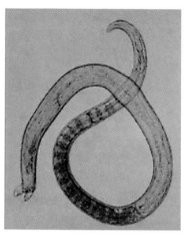

附图30　旋毛虫的雄虫

附图31　旋毛虫的雌虫

附图32　横纹肌内寄生的旋毛虫幼虫

附图33　旋毛虫的包囊

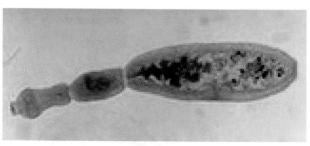

附图34　细粒棘球绦虫成虫